Liubov Hryhorenko
Alexandr Shevchenko

Efeitos da má qualidade da água potável na saúde dos camponeses

Liubov Hryhorenko
Alexandr Shevchenko

Efeitos da má qualidade da água potável na saúde dos camponeses

Monografia

ScienciaScripts

Imprint

Cover image: www.ingimage.com

This book is a translation from the original published under ISBN 978-3-659-82995-6.

Publisher:
Sciencia Scripts
is a trademark of
Dodo Books Indian Ocean Ltd. and OmniScriptum S.R.L publishing group

120 High Road, East Finchley, London, N2 9ED, United Kingdom
Str. Armeneasca 28/1, office 1, Chisinau MD-2012, Republic of Moldova, Europe
Printed at: see last page
ISBN: 978-620-8-19957-9

Índice:

HRYHORENKO LIUBOV VICTORIVNA
SHEVCHENKO ALEXANDR ANATOLIEVICH

MONOGRAFIA

EFEITOS DA MÁ QUALIDADE DA ÁGUA POTÁVEL NA SAÚDE DOS CAMPONESES - HABITANTES DE DNEPROPETROVSK AGLOMERADOS RURAIS (POR INQUÉRITO SOCIOLÓGICO E RESULTADOS DE INVESTIGAÇÃO PRÓPRIA)

Revistas:

Byrjak Lyudmila Ivanovna, doutora em ciências médicas, professora de higiene e ecologia da cadeira do Estabelecimento Estatal "Academia Médica de Dnipropetrovsk" do Ministério da Saúde Pública da Ucrânia, especialista no ramo da higiene de crianças e adolescentes e higiene da nutrição, supervisora do laboratório sanitário e higiénico "Higienista" e do laboratório de investigação científica "Exame". Autor de mais de 300 trabalhos científicos: incluindo 2 monografias; 5 invenções e 35 proposições racionais.

Shchudro Svetlana Anatolievna, doutora em ciências médicas, especialista em higiene de crianças e adolescentes, professora da cadeira de higiene e ecologia no Estabelecimento Estatal "Academia Médica de Dnipropetrovsk" do Ministério da Saúde Pública da Ucrânia, supervisora adjunta do laboratório sanitário e higiénico "Higienista" e vice-chefe do laboratório de investigação científica "Exame". Autor de mais de 80 trabalhos científicos: incluindo 60 artigos de revistas, 11 documentos metodológicos normalizados, 3 monografias, 3 guias educativos.

INTRODUÇÃO

ANALISA OS CASOS DE SURTOS ASSOCIADOS À ÁGUA POTÁVEL NOS DIFERENTES PAÍSES DO MUNDO (POR LITERATURE REWIER)

Este resumo inclui dados relativos a surtos ocorridos entre janeiro de 1999 e dezembro de 2000 e surtos anteriormente não comunicados ocorridos em 1995 e 1997. Desde 1971, a Agência de Proteção Ambiental dos EUA (EPA) e o Conselho de Epidemiologistas Estatais e Territoriais (CSTE) têm mantido um sistema de vigilância colaborativo para as ocorrências e causas de surtos de doenças transmitidas pela água (WBDOs). Este sistema de vigilância é a principal fonte de dados relativos ao âmbito e efeitos das doenças transmitidas pela água em pessoas nos Estados Unidos e noutros países do mundo.

Palavras-chave: *surtos de doenças transmitidas pela água, departamentos de saúde pública estaduais, territoriais e locais, agente etiológico, água potável, gastroenterite aguda de etiologia desconhecida, surtos relacionados com gastroenterite.*

Introdução. Desde 1971, o CDC, a Agência de Proteção Ambiental dos Estados Unidos (EPA) e o Conselho de Epidemiologistas Estaduais e Territoriais (CSTE) têm mantido um sistema de vigilância colaborativo para as ocorrências e causas de surtos de doenças transmitidas pela água (WBDOs).

Durante 1999-2000, um total de 39 surtos associados à água potável foi relatado por 25 estados [1]. Incluído entre estes 39 surtos estava um surto que abrangeu 10 estados. Estes 39 surtos causaram doenças num número estimado de 2.068 pessoas e estiveram associados a duas mortes. O micróbio ou produto químico que causou o surto foi identificado em 22 (56,4%) dos 39 surtos; 20 dos 22 surtos identificados estavam associados a agentes patogénicos e dois estavam associados a envenenamento por produtos químicos. Dos 17 surtos que envolviam gastroenterite aguda de etiologia desconhecida, um era suspeito de envenenamento químico e os restantes 16 eram suspeitos de terem uma causa infecciosa. Vinte e oito (71,8%) dos 39 surtos estavam ligados a fontes de água subterrânea; 18 (64,3%) destes 28 surtos de água subterrânea estavam associados a poços privados ou não comunitários que não estavam regulamentados pela EPA. Cinquenta e nove surtos de 23 estados foram atribuídos à exposição a água de recreio e afectaram cerca de 2.093 pessoas. Trinta e seis (61,0%) dos 59 surtos envolveram gastroenterite. O agente etiológico foi identificado em 30 (83,3%) dos 36 surtos envolvendo gastroenterite [2, 3]. Vinte e dois (61,1%) dos 36 surtos relacionados com gastroenterite estavam associados a piscinas ou fontes interactivas. Quatro (6,8%) dos 59 surtos em águas recreativas foram atribuídos a casos isolados de meningoencefalite amebiana primária (MAP) causada por Naegleria fowleri. Todos os quatro casos foram fatais. Quinze (25,4%) dos 59 surtos estavam associados a dermatite; 12 (80,0%) dos 15 estavam associados a banheiras de hidromassagem ou piscinas. Para além disso, foram também comunicados ao CDC surtos de leptospirose, febre de Pontiac e queratite química em águas de recreio, bem como dois surtos de leptospirose e febre de Pontiac associados a exposição profissional. A proporção de surtos de água potável associados a águas superficiais aumentou de 11,8% durante 1997-1998 para 17,9% em 1999-2000. A proporção de surtos (28) associados a fontes de água subterrânea aumentou 87% em relação ao período anterior (15 surtos), e estes surtos estavam principalmente associados (60,7%) ao consumo de água subterrânea não tratada.

Os surtos de gastroenterite em águas de recreio duplicaram (36 surtos) em relação ao número de surtos registados no período anterior (18 surtos).

Estes surtos foram mais frequentemente associados a Cryptosporidium parvum (68,2%) em locais de água tratada (por exemplo, piscinas ou fontes interactivas) e a Escherichia coli O157:H7 (21,4%) em locais de água doce. O aumento do número de surtos reflecte provavelmente uma melhor vigilância e notificação a nível local e estatal, bem como um aumento real do número de DBO (Fig. 1).

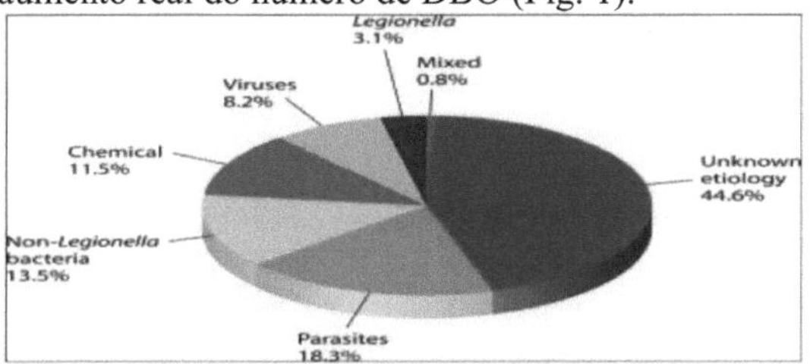

Figura 1. Estrutura dos factores etiológicos dos casos de surtos associados a água potável (durante 1971 - 2006 anos) nos Estados Unidos da América.

Desde 1971, o CDC, a EPA e o Conselho de Epidemiologistas Estaduais e Territoriais (CSTE) têm mantido o Sistema Nacional Colaborativo de Vigilância de Doenças e Surtos de Origem Hídrica (WBDOSS) para documentar surtos de doenças de origem hídrica (WBDOs) relatados pelos departamentos de saúde locais, estaduais e territoriais [4]. Os WBDOs foram recentemente reclassificados para melhor caraterizar as deficiências do sistema de água e os fatores de risco; os dados foram analisados quanto a tendências na ocorrência de surtos, etiologias e deficiências durante 1971 a 2006.

Entre 1971 e 2006, foi notificado um total de 833 WBDOs, 577.991 casos de doença e 106 mortes. As tendências de importância para a saúde pública incluem uma diminuição no número de surtos notificados ao longo do tempo e na proporção anual de surtos notificados em sistemas de água públicos, um aumento na proporção anual de surtos notificados em sistemas de água individuais e na proporção de surtos associados a deficiências na canalização de instalações em sistemas de água públicos, nenhuma alteração na proporção anual de surtos associados a deficiências no sistema de distribuição ou à utilização de águas subterrâneas não tratadas e incorretamente tratadas em sistemas de água públicos, e a importância crescente da Legionella desde a sua inclusão no WBDOSS em 2001.

Os dados do WBDOSS ajudaram a informar a saúde pública e as respostas regulamentares. Recursos adicionais para a vigilância de doenças transmitidas pela água e deteção de surtos são essenciais para melhorar a nossa capacidade de monitorizar, detetar e prevenir doenças transmitidas pela água nos Estados Unidos (Fig. 2).

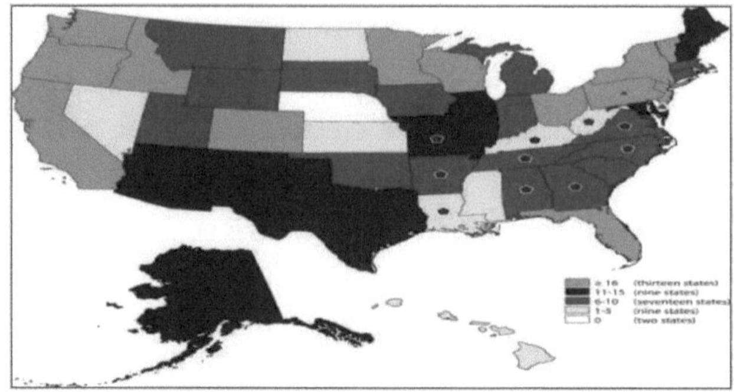

Figura 2. Análise dos surtos associados à água potável, ligados a águas superficiais e subterrâneas não tratadas e mal tratadas desde 1971 - 2006 anos.

Para compreender a distribuição de quistos de Giardia no abastecimento de água potável em Seul, Coreia, recolhemos amostras de água trimestralmente em 6 captações no rio Han, o seu maior riacho, e em 6 estações de tratamento de água convencionais (ETA) que servem água potável, de 2000 a 2009 [5]. Os cistos de Giardia em cada 10 L de água foram confirmados em 35,0% das amostras de água de captação e a média aritmética foi de 1,65 cistos/10 L (variação de 0-35 cistos/10 L). A densidade de quistos mais baixa foi observada nas captações de Paldang e Kangbuk, e o nível de poluição foi mais elevado nas 4 captações a jusante. Parece que estas 4 captações estavam sob a influência do riacho Wangsuk, no final do qual foram encontrados cistos em todas as amostras, com a média de 140 cistos/10 L. O número médio anual de cistos foi de 0,21-4,21 cistos/10 L, e o

O nível de cistos na segunda metade dos 10 anos foi, em média, cerca de 1/5 do nível da primeira metade. Os cistos foram encontrados com mais frequência no inverno, e sua densidade média foi de 3,74 cistos/10 L no inverno e 0,80-1,08 cistos/10 L nas outras estações. Todas as amostras de água acabada recolhidas em 6 ETA foram negativas para Giardia em cada uma das amostras de 100 L durante 10 anos e a remoção de quistos por processo físico foi em média de 2,9- log. Concluiu-se que o tratamento convencional da água em 6 ETA de Seul parece remover eficazmente os quistos, tendo em conta o nível atual da sua água de origem. As águas residuais domésticas da região urbana podem ser uma fonte importante de poluição por Giardia no rio.

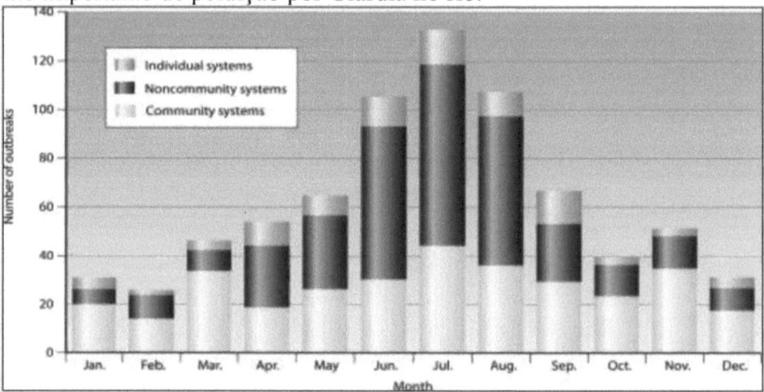

Figura 3. Quantidade de surtos relacionados com a água potável, dependendo do tipo de sistema de abastecimento de água e dos meses (n = 762) para o período de 1971 a 2006, exceto surtos relacionados com o uso de água engarrafada (n = 11), água de sistemas mistos de abastecimento de água (n = 3), ou sistemas de abastecimento de

água recentes (n = 3).

O sistema de vigilância inclui dados sobre surtos associados à água potável e à água para fins recreativos. Os departamentos de saúde pública estaduais, territoriais e locais são os principais responsáveis pela deteção e investigação de WBDOs e pela sua comunicação voluntária ao CDC através de um formulário padrão. A unidade de análise do sistema de vigilância de WBDOs é um surto e não um caso individual de uma doença transmitida pela água. Para que um evento seja definido como um WBDO, devem ser cumpridos dois critérios. Primeiro, ou mais de 2 pessoas devem ter tido uma doença semelhante após a ingestão de água potável ou exposição a água encontrada em ambientes recreativos ou profissionais. Este critério é dispensado para casos isolados de meningoencefalite amebiana primária confirmada em laboratório e para casos isolados de envenenamento por produtos químicos, se os dados sobre a qualidade da água indicarem contaminação pelo produto químico. Em segundo lugar, as provas epidemiológicas devem implicar que a água é a fonte provável da doença.

Nos Estados Unidos, o nosso objetivo é proteger a água potável na fonte, durante o tratamento e durante a distribuição. Em 1975, foram promulgados regulamentos provisórios para bactérias e turvação, 10 produtos químicos inorgânicos, 6 produtos químicos orgânicos e radionuclídeos. Em 1979, foram promulgados regulamentos secundários nacionais para substâncias que afectam a qualidade estética da água. Em 1979, foram acrescentados os trihalometanos. Os Estados Unidos estão a proceder a uma revisão exaustiva dos regulamentos nacionais primários relativos à água potável. As áreas que mais nos preocupam incluem a deteção e o controlo da contaminação das águas subterrâneas por substâncias químicas orgânicas resultantes de práticas inadequadas de eliminação de resíduos, uma reavaliação dos regulamentos microbiológicos e da toxicidade dos subprodutos dos desinfectantes e um grande esforço para lidar com a contaminação da água potável relacionada com a corrosão durante a distribuição. Estamos a avaliar a questão da exigência de carvão ativado granular para as águas superficiais contaminadas. Foi também iniciado um programa para garantir a qualidade dos aditivos diretos e indirectos da água potável. Parte desta atividade incluirá a determinação dos contaminantes e subprodutos associados à utilização de vários produtos químicos de tratamento de água e materiais de tubagem [6].

A proporção de surtos de água potável associados a águas superficiais aumentou de 11,8% durante 1997-1998 para 17,9% em 1999-2000. A proporção de surtos (28) associados a fontes de água subterrânea aumentou 87% em relação ao período anterior (15 surtos), e estes surtos estavam principalmente associados (60,7%) ao consumo de água subterrânea não tratada. Os surtos de gastroenterite em águas recreativas duplicaram (36 surtos) em relação ao número de surtos registados no período anterior (18 surtos). Estes surtos foram mais frequentemente associados a Cryptosporidium parvum (68,2%) em locais de água tratada (por exemplo, piscinas ou fontes interactivas) e a Escherichia coli O157:H7 (21,4%) em locais de água doce. O aumento do número de surtos reflecte provavelmente uma melhor vigilância e notificação a nível local e estatal, bem como um aumento real do número de WBDOs.

Nos últimos anos, a situação demográfica na Ucrânia agravou-se num contexto de tendências negativas, bem como de processos genéticos que afectam a população [7]. O número de doentes na população ucraniana aumentou em 25% e a população total diminuiu em 4 milhões de pessoas. A incidência não infecciosa, ou seja, a incidência oncológica entre a população tem tendência para crescer (2,6-3) % anualmente [8, 9]. Atualmente, a questão da higiene nacional consiste em estimar as perdas económicas devido à deterioração dos indicadores de saúde da população [10]. Um dos problemas nacionais da medicina moderna é a situação demográfica complexa, que se desenvolve num contexto de tendências negativas, causadas pelo fluxo de processos genéticos na população e pelo aumento dos casos de doenças genéticas hereditárias [11, 12, 13]. A maior parte da mortalidade está relacionada com doenças cardiovasculares (60%), seguidas de cancro (12%) e causas externas, incluindo acidentes e envenenamentos (9,7%); estas três causas representam 81,8% de todas as mortes na Ucrânia. A esperança de vida ajustada à saúde (HALE) não é calculada por rotina; uma investigação internacional realizada em 2003 concluiu que, em 2002, a HALE era de 54,9 anos para os homens e de 63,6 anos para as mulheres na Ucrânia [8]. A mortalidade infantil aumentou entre 1991 e 1995, mas depois diminuiu um terço entre 1995 e 2006 [9]. Uma investigação conduzida pelo Ministério da Saúde e pelo Instituto Nacional de Estudos Estratégicos revelou igualmente que o número de recém-nascidos com peso entre 500 g e 999 g diminuiu para metade no período de 2006-2007. As análises revelaram igualmente um aumento significativo da taxa de sobrevivência destes bebés (de 36,4 para 50,3 por 1000 nados-vivos), apesar dos problemas persistentes no acesso a equipamento de cuidados intensivos neonatais. A taxa de mortalidade neonatal precoce e a mortalidade materna diminuíram para metade desde a independência [10].

A bacia de minério de ferro de Kryvyi Rig é a maior da Ucrânia, rica em depósitos de minério de ferro, sendo o principal centro mineiro, localizado na região de Dnipropetrovsk [19]. Em Kryvyi Rig concentram-se 21 mil milhões de toneladas de reservas de minério de ferro, 18 mil milhões de toneladas de reservas industriais de minério de ferro [20]. Anualmente, o reservatório das empresas mineiras deve bombear cerca de 40 milhões de m3 de águas subterrâneas (minas, pedreiras) e 17-18 milhões de m3 de águas salinas de minas. Recentemente, devem ser adoptadas medidas alternativas e de eliminação das águas residuais excedentárias para as águas residuais que as empresas mineiras despejam na bacia hidrográfica principal da cidade de Kryvyi Rig [21]. O regulamento prevê a descarga das águas residuais excedentárias das empresas mineiras da região industrial no reservatório de Karachunivskyi, a seguir designado por transferência de água para o rio Ingulets [22].

A maior parte da população da Ucrânia Oriental estava bem coberta com água engarrafada. Os inquiridos de outras regiões da Ucrânia beneficiam de água potável proveniente de poços artesianos - 5% da população, de poços de minas - 2%, de fontes locais de abastecimento de água - 3%. A população minoritária da região leste da Ucrânia considera que a água da torneira é de "alta qualidade". A maioria dos habitantes da região central do país considera que a água potável é de "má qualidade" [25]. A revisão literária efectuada nos últimos anos centrou-se na alternativa de beber água da torneira e nos métodos da sua purificação em condições domésticas. Por isso, registou-se uma tendência para aumentar a água potável engarrafada (embalada), que será realizada nos pontos de transbordo [26].

De acordo com a investigação do grupo NIBRT GlycoScience [30], o glicoma é um rastreio de associação alargado, pelo que as distribuições de glicanos estão ligadas a factores ambientais, hereditários e de doença em 1 008 indivíduos e, atualmente, em 4 000 indivíduos. Foi estabelecido que >100 parâmetros identificam factores genéticos (GWAS) em doenças complexas e caraterísticas de doenças. Entre esses parâmetros encontram-se factores ambientais presentes e a sua influência no genoma humano/glicoma. Os autores provaram que muitas doenças múltiplas estão associadas a alterações da glicosilação.

As investigações no domínio do abastecimento de água potável e da qualidade da água mostram uma forte determinação da influência nociva do fator água na saúde das pessoas. As tendências negativas relacionadas com a má qualidade da água potável foram-se acumulando ao longo de décadas e, atualmente, em algumas regiões da Ucrânia, atingiram um estado crítico. Tradicionalmente, nos últimos vinte anos, a atenção dos cientistas-higienistas nacionais foi dada principalmente aos problemas do abastecimento centralizado de água potável, bem como à poluição tecnogénica das fontes de água superficiais e subterrâneas nas regiões industriais [49].

Por conseguinte, os resultados de numerosos estudos estabeleceram que nas cidades de zonas industriais carregadas, incluindo Dnipropetrovsk, a qualidade da água potável de fontes superficiais não cumpre os requisitos sanitários em mais de 60 % das amostras por indicadores físicos e químicos e em mais de 10 % por indicadores bacterianos. Além disso, existe um sistema deficiente de estudos higiénicos no domínio do abastecimento de água potável à população camponesa que vive sob a influência de zonas altamente poluídas nas regiões industriais. De um modo geral, as fontes de água potável centralizadas e descentralizadas em muitas povoações rurais da Ucrânia, incluindo a região de Dnipropetrovsk, não correspondem aos requisitos higiénicos, em particular, pelos valores de dureza total, sais minerais, compostos de azoto, ferro, manganês, cujas concentrações são 2-10 vezes superiores aos valores normais. Em regra, está relacionado com a poluição antropogénica das fontes de água, bem como com a composição mineral regional das rochas que contêm água. A este respeito, foi desenvolvida a investigação da composição química da água potável, causada pelas peculiaridades regionais das raças geológicas [50].

Na literatura existem algumas publicações sobre a influência da composição mineral da água potável que ocorre em condições naturais para a saúde da população. Na Ucrânia, a investigação sobre a composição mineral da água potável e a sua influência na saúde de diferentes grupos etários não foi realizada, apesar da urgência da questão, a população coberta em muitas regiões do país com água potável não cumpre as normas de higiene. Investigações higiénicas e médico-biológicas sobre a influência da composição mineral da água potável na saúde dos camponeses, com base nas consequências reais da utilização de água potável com uma composição mineral acima do normal. Na região de Dnipropetrovsk, 74 % da população urbana está coberta pelo abastecimento central de água e 39 % das povoações. Milhares de localidades da região continuam sem abastecimento de água centralizado [51, 52, 53].

Os inquéritos de acompanhamento seguiram o estudo transversal de base entre os entrevistados nas povoações (grupo experimental) e os habitantes de uma cidade industrial (grupo de controlo) durante os anos 2011-2013. Informações sobre a qualidade da água potável encanada que entra no prédio (apartamento) foram solicitadas em todos os questionários. Os dados obtidos no estudo mostraram uma baixa consciencialização entre os contingentes de camponeses: 26,07% dos entrevistados não consideram que a qualidade da água potável seja um problema de higiene; 22,26% ainda não decidiram se estão satisfeitos com a qualidade da água da torneira [54]. Assim, 14,81% dos camponeses têm a certeza de que utilizam água potável de má qualidade; 25,25% dos questionários associam a má qualidade da água da torneira principalmente à ferrugem e aos sedimentos, 19,57% à turvação ($p < 0,001$). No total, o problema da água potável de boa qualidade não era prioritário para 26,07±16,55% dos inquiridos, devido à fraca sensibilização dos camponeses. 22,26±12,82% dos camponeses não sabiam se estavam satisfeitos com a qualidade da água da torneira, mas 14,81±7,24% caracterizaram a água potável como sendo de má qualidade [55, 56, 57, 58].

As investigações no domínio do abastecimento de água potável e da qualidade da água revelam uma forte determinação da influência nociva do fator água na saúde das pessoas [59]. As tendências negativas relacionadas com a má qualidade da água potável acumularam-se ao longo de décadas e, atualmente, nalgumas regiões da Ucrânia, atingiram um estado crítico [60]. Tradicionalmente, nos últimos vinte anos, a atenção dos cientistas-higienistas nacionais foi dada principalmente aos problemas do abastecimento centralizado de água potável, bem como à poluição tecnogénica das fontes de água superficiais e subterrâneas nas regiões industriais [61]. Por conseguinte, os resultados de numerosos estudos estabeleceram que, nas cidades de zonas industriais, incluindo Dnipropetrovsk, a qualidade da água potável de fontes superficiais não cumpre os requisitos sanitários em mais de 60% das amostras por indicadores físicos e químicos e mais de 10% por indicadores bacterianos [62]. Além disso, existe um sistema deficiente de estudos higiénicos no domínio do abastecimento de água potável à população camponesa que vive sob a influência de áreas altamente poluídas nas regiões industriais. Em geral, as fontes de água potável centralizadas e descentralizadas em muitas povoações rurais da Ucrânia, incluindo a região de Dnipropetrovsk, não correspondem aos requisitos higiénicos, em particular, pelos valores de dureza total, sais minerais, compostos de azoto, ferro, manganês, cujas concentrações são 2-10 vezes superiores aos valores normais [63]. Em regra, está relacionado com a poluição antropogénica das fontes de água, bem como com a composição mineral regional das rochas que contêm água [64]. A este respeito, foi desenvolvida a investigação da composição química da água potável, causada pelas peculiaridades regionais das raças geológicas [65].

Na literatura existem algumas publicações sobre a influência da composição mineral da água potável que ocorre em condições naturais para a saúde da população [66, 67]. Na Ucrânia, a investigação sobre a composição mineral da água potável e a sua influência na saúde de diferentes grupos etários não foi realizada, apesar da urgência da questão, uma vez que a população de muitas regiões do país é abastecida com água potável, o que não corresponde às normas de higiene. Investigações higiénicas e médico-biológicas influenciam a composição mineral da água potável na saúde dos camponeses, com base nas consequências reais da utilização de água potável com uma composição mineral acima do normal [68, 69]. Na região de Dnipropetrovsk, 74% da população urbana está coberta por abastecimento central de água e 39% das povoações. Milhares de localidades da região continuam sem abastecimento de água centralizado [70].

Capítulo 1

MATERIAIS E MÉTODOS

O estudo de campo foi realizado entre 75 camponeses localizados em povoações rurais da região de Dnipropetrovsk (grupo experimental), e os dados do inquérito sociológico entre 75 habitantes da cidade de Dnipropetrovsk (grupo de controlo). O questionário incluía 24 perguntas padrão centradas no ponto de vista dos inquiridos, bem como na sua atitude em relação a diferentes tipos de tratamento adicional de água potável. O teste - questionário de avaliação subjectiva da saúde dos camponeses - continha 29 perguntas, cuja resposta era "sim" ou "não". A estimativa geral mostrou as respostas de cada inquirido, calculadas da seguinte forma saúde "excelente" - 0 - 2 pontos; "boa" - 3 - 5 pontos; "satisfatória" - 6 - 9 pontos; "má" - até 10 pontos. Assim, foram negativas as respostas "sim" a 1 - 25 perguntas, "não" - às perguntas 27-29, "mau" à pergunta 26. Critério de estimativa no estudo de base efectuado idade para a população adulta (homens e mulheres) - de 35 a 55 anos, o impacto médio da água potável variou - 5 - 10 anos e mais de 10 anos, morando nesta região: 5 - 10 anos e mais de 10 anos.

De acordo com a distribuição, 22 distritos territoriais da região de Dnepropetrovsk foram classificados em 6 tipos de distritos rurais, de acordo com o esquema de planeamento de povoações na região de Dnepropetrovsk. O primeiro tipo de distritos rurais abrange as seguintes povoações (Kryvorozskyi e Novomoskovskyi); o segundo tipo de distritos rurais (Nikopolskyi e Pavlogradskyi); o terceiro tipo de distritos rurais abrange a zona rural de Dnepropetrovskyi; o quarto tipo (distritos de Vasylkivskyi, Krynychanskyi e Synelnikovskyi); o quinto tipo (distritos de Verchnedneprovskyi, Mezewskyi, Petrikovskyi, Piatykhatskyi, Sofiivskyi e Shyrokivskyi); o sexto tipo (distritos rurais de Apostolivskyi, Mahdalynivskyi, Petropaulivskyi, Pokrovskyi, Solonianskyi, Tomakivskyi, Tsarychanskyi e Yuriivskyi). Análise médica e social da morbilidade infantil aos 14 anos de idade, com base em indicadores médios anuais, nos diferentes distritos rurais do território da região de Dnepropetrovsk durante os anos 2007-2012, de acordo com os relatórios estatísticos do centro regional de saúde de Dnepropetrovsk.

Em 1965-2012, a qualidade da água na albufeira de Karachunivskyi foi investigada pelos indicadores sanitários comuns: molibdénio, arsénio, zinco, cianeto, níquel, cloreto, chumbo, magnésio, sódio - potássio, azoto amoniacal, nitritos, nitratos, ferro, cádmio, cobre, fluoreto, crómio, polifosfatos, detergentes, produtos petrolíferos, fenol (n = 60). O tratamento estatístico dos resultados da investigação foi efectuado de acordo com o Microsoft Excel 2010 e o STATISTICA v.6.1®. As caraterísticas estatísticas são as seguintes: unidades de quantidade de observação (n), média aritmética (M), erro padrão (m), mediana (Me), intervalo de confiança (IC) de 25 - 75 %. Os parâmetros de qualidade da água na albufeira de Karachunivskyi foram estimados de acordo com as "Sanitary Rules and Norms 4630-88" [23], a classe de abastecimento de água - de acordo com a ISO 4008:2007 [24].

Foram realizadas entrevistas padronizadas entre os camponeses da região de Dnepropetrovsk para os anos 2012-2014, a fim de estabelecer o ponto de vista dos inquiridos relativamente aos purificadores de água potável. Foi elaborado um questionário normalizado para entrevistar os camponeses: 51,93±0,81 % de mulheres, 46,87±0,94 % de homens com uma idade média de 35 a 55 anos, 56,50±3,01 % de trabalhadores, 42,60±1,45 % de papeleiros, 23,93±0,35 % de habitantes que vivem nesta povoação há menos de 10 anos, 78,03±0,52 % - há mais de 10 anos, 78,73±1,12 % de camponeses utilizam água potável de fontes locais há mais de 10 anos, 19,67±0,60 % há menos de 10 anos. A maioria dos camponeses da região de Dnepropetrovsk não estava coberta por um sistema centralizado de abastecimento de água [27]. A escolha dos distritos experimentais (Krivorizhskii, Sofiivskii, Shyrokivskii, Dnepropetrovskii) baseou-se na prevalência do sistema descentralizado e importado de abastecimento de água. Para além do "Questionário de sondagem sociológica sobre o abastecimento de água potável da torneira do edifício (apartamento)" padronizado, também o "Questionário de habitação" foi utilizado no estudo de base para avaliar a qualidade dos purificadores de água potável. Ambos os questionários incluíam 53 perguntas relativas a diferentes tipos de água engarrafada. Os questionários auto-administrados foram preenchidos por 150 inquiridos (75 camponeses no grupo experimental e 75 habitantes da cidade no grupo de controlo). Todos os questionários recolhidos foram verificados quanto à sua exaustividade e coerência. O inquérito sociológico foi efectuado em 60 agregados familiares que foram escolhidos com base na sua localização e nas seguintes caraterísticas: faixa etária de 35 a 55 anos, residência nesta região, abrangida por 5-10 anos e mais de 10 anos. Foram utilizados métodos sociológicos e estatísticos no estudo retrospetivo. A quantidade de mulheres: 51,93±0,81 % no grupo experimental foi superior à dos homens: 46,87±0,94 % ($p < 0,05$). No grupo de controlo, a percentagem de homens 56,10±0,66 % foi superior à das mulheres 41,83±0,50 % ($p < 0,001$). A análise descritiva foi efectuada com os programas "Microsoft Office Excel 2003" e "SPSS". Os índices estatísticos incluíram: número de inquiridos (n), aritmética média (M) e erro padrão (m), índices relativos (%). Foram utilizados os critérios estatísticos Mana-Uitni e t - critério de Student. O nível crítico de significância estatística (p) na verificação das hipóteses estatísticas foi aceite: $p <0,05$, $p <0,001$.

Realizou-se a influência da composição mineral da água potável (mineralização total, dureza total, ferro) e as suas combinações na saúde dos camponeses - habitantes do distrito rural de Polohy e da cidade de Polohy nos anos 2009 - 2012. A variabilidade das concentrações de ferro na água potável, retirada dos territórios experimentais (bairro rural de Polohy e cidade de Polohy) foi determinada nas medidas de (0,2 a 2,5) mg/dm^3.

A qualidade da água potável do reservatório de Karachunyvskyi foi estudada por 14 indicadores para o período de 2008 a 2012 (quantidade geral - 102). Os resultados das investigações laboratoriais foram apresentados em unidades de multiplicidade que excedem as normas de higiene [41].

A base de dados de substâncias químicas da água potável da albufeira de Karachunyvskyi incluía concentrações médias diárias dos seguintes compostos: dureza total, resíduo seco, cloretos, sulfatos, cálcio, magnésio, sódio, potássio, azoto amoniacal, nitritos, nitratos, ferro, manganês, cobre, flúor. Foram contabilizados os seguintes indicadores estatísticos: valores médios e respectivos erros (M±m), mediana (Me), intervalo de confiança (IC) de (25-75) %.

Para estimar a saúde das crianças e adolescentes foi realizada a incidência primária de doenças e doenças gerais pelas formas nosológicas separadas, tais como tumores cancerígenos (C00-C97), diabetes (E10-E14), doença hipertensiva (I10-I15), doença isquémica do coração (I20-I25), asma brônquica (J95-J99), gastrite e duodenite (K20-K31), de acordo com a Classificação Internacional de Doenças - X. A fundamentação científica da seleção dos distritos rurais experimentais baseou-se na padronização higiénica nas categorias de género: crianças (0 - 14) anos e adolescentes (15 - 17) anos, uniformidade dos parâmetros sócio-higiénicos, tipos de sistemas de abastecimento de água (maioritariamente descentralizados e engarrafados), serviço de saúde para camponeses nos postos de ambulância rurais. A investigação da incidência primária entre a população infantil foi efectuada de acordo com o relatório estatístico do Centro Regional de Informação Sanitária ao longo dos anos 2008 - 2011.

Na base de dados da nossa investigação foram registados (1450,55±0,02) casos de forma nosológica (I10-I15) na população adulta do distrito de Hulaipolskyi, contra uma média anual da mesma classe de doenças na região de Zaporozhskyi (1387,36±0,05) casos em 100 000 camponeses. Foi determinada a tendência para o aumento da doença hipertensiva no território dos assentamentos rurais ambulatórios para o período 2008 - 2012. Foram reveladas dependências correlativas estatisticamente significativas do nível médio entre componentes separados da estrutura mineral da água potável, tais como dureza total, mineralização total, cloretos e sulfatos e prevalência de doenças das classes III, XIV, de acordo com a X Classificação Internacional de Doenças ($R= 0,30$; $p<0,001$).

De acordo com a composição mineral da água potável, foram incluídos na nossa investigação seis distritos rurais experimentais, como Hulaipolskyi, Komsomolskyi, Novoslatopolskyi, Uspenskyi, Vozdvizhenskyi, Malinovskyi e um controlo - a região de Hulaipolskyi.

Análise dependência alguns indicadores de saúde dos camponeses e composição mineral da água potável nos distritos rurais experimentais (№ 1, 2, 3, 4, 5, 6) e no distrito de controle foram realizadas até 2008-2012 anos.

A qualidade de investigação das amostras de água potável, que foram recolhidas de fontes centralizadas e descentralizadas na região de Hulaipilskyi, como parte rural principal da região de Zaporozhskyi, famosa pela sua grande contribuição para a indústria mineira ucraniana e localização da central atómica de Zaporozhskai. Na nossa investigação foram incluídos critérios de valor fisiológico da composição mineral: valores médios da dureza total, mineralização total, cloretos e sulfatos (quantidade geral de amostras de investigação - 102). A morbilidade geral e primária da população adulta de camponeses na região de Hulaipilskyi foi analisada pelo Departamento de relatórios estatísticos de saúde pública na região de Zaporozhskyi por um período de 5 anos (quantidade geral de investigações - 280). A base de dados incluía a morbilidade geral e primária da população adulta de camponeses, abrangendo os distritos experimentais e de controlo, com base na documentação médica local: histórias de casos e cartões de controlo clínico no distrito de Hulaipolskyi (quantidade total de histórias de casos e cartões de controlo clínico - 350).

A fundamentação científica da escolha dos distritos experimentais e de controlo baseou-se no carácter do abastecimento de água (principalmente sistemas centralizados e descentralizados) e na composição mineral do abastecimento de água local.

A qualidade da água potável que entra no edifício foi analisada através de um inquérito sociológico a 90 camponeses entrevistados nas povoações (grupo experimental) e a 90 habitantes de uma cidade industrial de Dnipropetrovsk (grupo de controlo). As taxas mais baixas de cobertura por abastecimento de água canalizada registaram-se nas regiões de Pavlohradskyi (5,8%), Tsarichanskyi (26%), Petrikovskyi (39%) e Petropavlovskyi (33%). Por conseguinte, as povoações experimentais basearam-se na baixa cobertura dos camponeses destas regiões rurais pelo abastecimento centralizado de água e na presença predominante de água descentralizada e importada. Entrevistas padronizadas "Qualidade da água potável, que entra no edifício (apartamento)", contendo 18 questões, foram realizadas de 2011 a 2013. Foram utilizados os métodos: estudo retrospetivo, sociológico, estatístico. A recolha de dados sociológicos foi efectuada com recurso aos programas "Microsoft Office Excel 2003" e "SPSS".

A qualidade da água potável que entra no edifício foi analisada através de um inquérito sociológico a 90 camponeses entrevistados nas povoações (grupo experimental) e a 90 habitantes de uma cidade industrial de Dnipropetrovsk (grupo de controlo). As taxas mais baixas de cobertura por abastecimento de água canalizada registaram-se nas regiões de Pavlohradskyi (5,8%), Tsarichanskyi (26%), Petrikovskyi (39%) e Petropavlovskyi (33%).

Por conseguinte, as povoações experimentais basearam-se na baixa cobertura dos camponeses destas regiões rurais pelo abastecimento centralizado de água e na presença predominante de água descentralizada e importada. Entrevistas padronizadas "Qualidade da água potável, que entra no edifício (apartamento)", contendo 18 questões, foram realizadas de 2011 a 2013. Foram utilizados os métodos: estudo retrospetivo, sociológico, estatístico. A recolha de dados sociológicos foi efectuada com recurso aos programas "Microsoft Office Excel 2003" e "SPSS".

Capítulo 2

AVALIAÇÃO SUBJECTIVA DA SAÚDE DOS CAMPONESES NO MEIO RURAL POVOAÇÕES DA REGIÃO DE DNIPROPETROVSK

Objetivo da investigação. Os questionários dos camponeses foram recolhidos nas povoações rurais da região de Dnipropetrovsk, a fim de estimar o estado de saúde através da sua visão subjectiva.

De acordo com o estudo sociológico, o tempo médio de habitação de 5 a 10 anos na população camponesa (grupo experimental) foi estatisticamente de 23,93±0,35 %, em comparação com os habitantes da cidade (grupo de controlo) 22,37±0,19 % (p < 0,05). Os dados obtidos no estudo mostraram que a quantidade de habitantes com 10 anos de residência variou de (78,03±0,52) % para (74,87±2,28) % em ambos os grupos de supervisão (Figura 4).

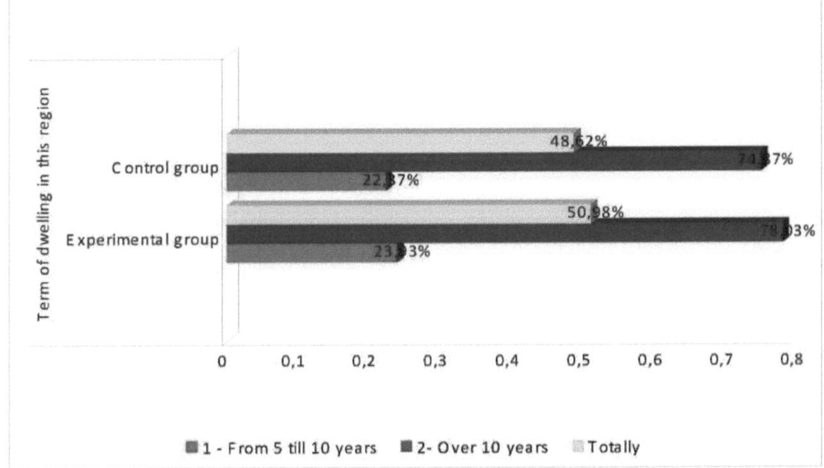

Figura 4 Duração média da habitação para os inquiridos dos grupos experimental e de controlo localizados na região de Dnipropetrovsk.

Geralmente, acima de 10 anos de consumo, a água potável de fontes locais está disponível para 78,73 ± 1,12 % da população camponesa e 74,93 ± 2,22 % dos habitantes da cidade. A distribuição total para os inquiridos, que determinaram com resposta, foi deslocada na medida 49,20±29,53 % em comparação com o grupo de controlo 48,25±26,68 % [14].

A composição profissional incluía: 56,50±3,01 % de operários (p < 0,05) e 42,60±1,45 % de papeleiros (p < 0,001) entre a população camponesa. A percentagem de baralhadores de papel entre os habitantes da cidade foi mais elevada, 57,87±0,47 %, em comparação com os trabalhadores 42,60±1,45 % (p < 0,05). As nossas investigações foram informativas para os inquiridos, que determinaram com resposta: 49,55±6,95 % dos camponeses e 50,23±7,63 % dos inquiridos no grupo de controlo.

O nosso estudo descreve os dados relativos à idade média da população camponesa (33,33±0,52) e da população urbana (35,07±0,54). Está bem documentado que a distribuição por género mostrou que apenas 51,93±0,81 % das mulheres, mais do que 56,10±0,66 % dos homens, participaram num questionário na avaliação estatística dos dados fornecidos (p < 0,001) (Figura 5).

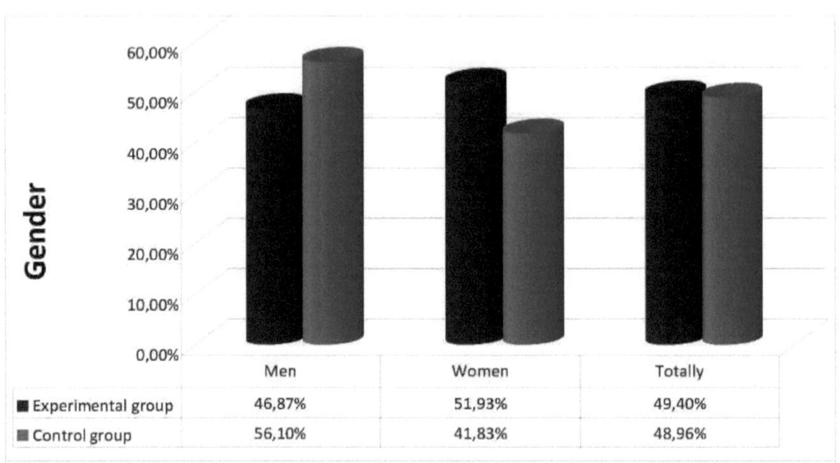

Figura 5 Composição por género dos inquiridos nos grupos experimental e de controlo.

A mesma tendência, bem como a ausência de queixas dos inquiridos, foi verificada entre os habitantes da cidade. Assim, os inquiridos do grupo de controlo responderam "não", se apresentassem quaisquer problemas de saúde com o sistema cardiovascular: cada 56 de 75 inquiridos, ou seja, 73,47±1,34 %; se tivessem algum problema de visão: cada 58 habitantes da cidade - 74,87±2,28 %; ou possível deficiência: cada 65 inquiridos 85,13±0,97 % habitantes da cidade [15].

A análise detalhada da visão subjectiva do estado de saúde entre os inquiridos dos assentamentos rurais, através da percentagem de respostas positivas "sim", mostrou que todas as perguntas foram classificadas em 20 posições. O primeiro lugar é ocupado por 70,13±0,33 % das respostas estatisticamente significativas dos camponeses, se alguma vez tiveram uma disposição ou felicidade repentina sem motivo (p <0,001). Os padrões de vida saudável estavam em segundo lugar, bem como a quantidade de entrevistas sobre estilo de vida saudável - 66,77 ± 1,79% (p < 0,05). Em terceiro lugar, encontravam-se 55,33±2,74 % dos camponeses, com predisposição meteorológica; 53,97±0,38 % dos inquiridos de povoações rurais, com elevado nível de capacidade de trabalho e mental, tal como antes (p < 0,001). Acima de 47,53±1,07 % dos habitantes rurais sentiram parahipnose por agitação, 34,97±0,84 % dos inquiridos sentiram desconforto por escolha de determinadas refeições (p < 0,001). O sétimo lugar abrangeu 32,53±1,21 % dos camponeses, ocupados por queixas de dores nas costas (p < 0,05); os últimos 31,37±0,41 % dos inquiridos queixam-se de violação da memória; mais de 27,87±0,08 % centraram-se nas dores nas articulações (p < 0,001). O décimo lugar foi ocupado por manifestações do sistema cardiovascular, nomeadamente 24,30±1,87 % dos camponeses, bem como 24,30±1,87 % sentiram sintomas de doença hipertensiva (p < 0,05, t = 6,573), 24,30±0,57 % - respiração curta na caminhada rápida [16].

Como testemunham os dados do questionário de análise, os primeiros lugares entre os habitantes do grupo de controlo ocupam as respostas positivas "sim" às seguintes perguntas: "Já alguma vez teve uma alteração súbita do humor ou da felicidade?" - 79,77±1,07 % dos inquiridos (p < 0,001); 79,07±0,70 % dos habitantes da cidade mostraram uma capacidade elevada, tal como antes, e 72,83±1,18 % visitavam regularmente as praias da cidade (p < 0,05). Por um lado, os habitantes da cidade seguiam elevados padrões de estilo de vida, de acordo com os resultados do questionário. Por outro lado, os inquiridos do grupo de controlo apresentam um estado de saúde deficiente, de acordo com o seu ponto de vista, segundo os resultados do questionário de autoavaliação subjectiva. No total, para o grupo de controlo, existe uma tendência fiável para aumentar as queixas de somnipatias através da agitação, como contam 61,03±0,14% dos inquiridos ($p < 0,001$), não menos sensíveis os habitantes da cidade às alterações meteorológicas - 55,27±2,46%, ou seja, 30,47±0,08% tiveram dores fortes nas articulações ($p < 0,001$).

Tendo em conta a meia-idade dos inquiridos: 35,07±0,54 anos, composição profissional - papeleiro - baralhador, as queixas mais inquiridas centraram-se nas perturbações do sistema músculo-esquelético - 25,17±2,04 % ($p < 0,05$); uso de medicamentos cardiológicos - 24,70±0,70 % ($p < 0,05$); alterações específicas da insuficiência cardíaca, bem como edemas dos membros inferiores: 23,70±1,70 % ($p < 0,05$). As queixas sobre violação da memória abrangeram cerca de 23,50±1,73% dos habitantes da cidade. A respiração curta durante a marcha rápida foi observada em 23,27±0,43%, e a dor na área hepática foi observada em 21,40±0,32% dos inquiridos do grupo de controlo ($p < 0,001$). Os sintomas de tonturas foram caracterizados por 21,03±0,37% dos habitantes da cidade ($p <0,05$). A maioria dos habitantes da cidade - 21,03±0,37 % - sentiu desconforto durante as refeições ($p < 0,001$), ou seja, 20,40±1,65 % da população urbana tem um sabor desagradável na cavidade oral [17].

Entre os habitantes da cidade, verificou-se uma tendência para o aumento das queixas relativas a perturbações da digestão, como se verificou em 17,33±0,20 % dos inquiridos, confirmada por ambos os critérios estatísticos ($p < 0,05$). Além disso, para os jovens inquiridos, apresentados por homens 56,10±0,66 %, aumentou o número de queixas do sistema nervoso central, nomeadamente 17,23±0,17 % da população deste grupo, ou seja, dificuldade em concentrar a atenção ($p < 0,05$). A minoria dos inquiridos: 12,03±0,89 % dos habitantes da cidade tinha facilidade em chorar. No último lugar, os habitantes da cidade apresentaram sintomas de doença hipertensiva, de acordo com os resultados do inquérito sociológico - 11,87 ± 0,29 % dos inquiridos ($p < 0,05$), cada 7 inquiridos, ou seja, 8,56 ± 0,62 % sentiram ruído, um formigueiro ($p < 0,001$) [18].

Foi realizado um questionário de auto-teste, bem como uma estimativa subjectiva do estado de saúde de acordo com os seguintes critérios: "bom", "satisfatório", "mau", "insatisfatório". Consequentemente, em primeiro lugar, a estimativa subjectiva do estado de saúde, bem como "satisfatório", foi atribuída a 39,02±5,54% dos camponeses inquiridos. A segunda posição pertence a "saúde precária" - 30,73±5,47%, o terceiro lugar foi ocupado por 23,97±5,37% dos inquiridos que responderam "saúde insatisfatória". Pelo menos, 26,77±1,79% dos camponeses das povoações locais consideraram-se de "boa saúde". A maioria dos inquiridos entre os habitantes da cidade, ou seja, 42,88±7,26% revelaram ter uma "saúde satisfatória", 31,14±7,51% consideram ter uma "saúde fraca" e apenas 28,77±1,80% avaliaram o seu estado de saúde como "bom". A minoria dos inquiridos da cidade - 23,96±6,69% - considerou o seu estado de saúde "insatisfatório".

A estimativa total do estado de saúde entre os inquiridos de ambos os grupos pela quantidade geral de respostas "não" tem tendência a aumentar. Por conseguinte, a maior parte dos camponeses inquiridos das povoações locais considerou o seu estado de saúde "mau" - 23,73±2,28%. A estimativa "satisfatória" do próprio estado de saúde foi transferida para 20,02±1,62% dos inquiridos, 17,92±1,73% consideram ter "boa saúde". Em último lugar, 14,13±0,33 % dos camponeses inquiridos nas colónias (grupo experimental) consideraram o seu estado de saúde "excelente", variando as respostas entre 0 e 2 pontos (Figura 6).

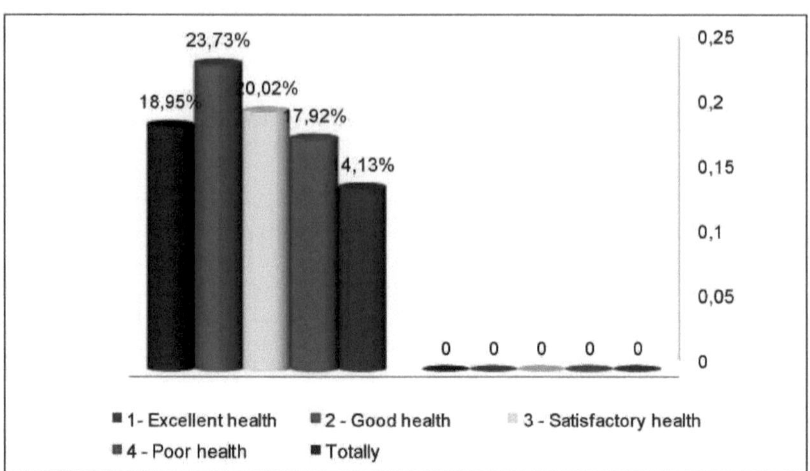

Figura 6 Auto-estimativa geral subjetiva do estado de saúde entrevistando camponeses nos assentamentos (grupo experimental), por escala de 10 bolas.

Foi observada uma tendência desfavorável nas respostas dos habitantes da cidade entrevistados (grupo de controlo). Os inquéritos de acompanhamento revelaram que 20 inquiridos, ou seja, 23,47±1,73% têm "saúde precária"; cada 23 inquiridos - 22,91±2,29% estimaram o seu estado de saúde como "satisfatório"; 20 habitantes da cidade, ou seja, 19,22±2,10% demonstraram ter "boa saúde"; 12 inquiridos, ou seja, 14,93±0,83% consideram ter "excelente estado de saúde".

Capítulo 3

ANÁLISE MÉDICO-SOCIAL DA MORBILIDADE INFANTIL NOS DIFERENTES DISTRITOS RURAIS DO TERRITÓRIO DA REGIÃO DE DNEPROPETROVSK, POR INDICADORES MÉDIOS ANUAIS

Efectuámos uma análise médica e social da morbilidade infantil aos 14 anos de idade, com base em indicadores médios anuais, nos diferentes distritos rurais do território da região de Dnepropetrovsk durante os anos 2007-2012. O nível de morbilidade das crianças foi analisado de acordo com as classes da CID - X através dos seguintes indicadores: média anual, intensiva, extensiva; taxas de crescimento da doença.

Palavras-chave: *análise médico-social, morbilidade, distritos rurais, crianças, classes de doenças por CID - X, taxa de crescimento.*

Na estrutura da morbidade da população infantil de 14 anos, as doenças em geral ocupam o primeiro lugar (100%). Enquanto a morbidade nas crianças - vivendo em 1 distritos rurais da região de Dnepropetrovsk determinou significativamente no nível (11024,76 ± 305,57) casos por 10.000 crianças, por um indicador médio anual desde 2007-2012 anos (p <0,001). As taxas de crescimento de todas as doenças em 1 distrito dest foram em média de +2,9% em todos os distritos e de -16,8% na região de Dnepropetrovsk. O nível mais elevado de todas as doenças foi significativamente observado no distrito rural de 2nd : 11910,33±393,92 casos por 10.000 crianças (p < 0,05), com uma taxa de crescimento positiva típica por quantidade média em todos os distritos rurais +11,1. O nível mais baixo de todas as doenças foi significativamente observado no distrito rural 6: 9482,96±399,20 casos por 10 000 crianças (p < 0,05), com taxas de crescimento negativas em ambos os distritos -11,5% e na região de Dnepropetrovsk -28,4%.

A segunda posição na estrutura de morbidade entre a população de crianças que vivem em 1 distrito, provavelmente ocupam doenças do sistema respiratório (7205,40±204,73) ‰ (p < 0,001), com taxa de crescimento positiva típica em média de todos os distritos, bem como +6,2% e taxa de crescimento negativa -16,3% por região. A prevalência mais alta entre a população infantil da classe X de doenças ocorreu em 3rd distrito e foi significativamente revelado no nível (7735.50±188.12) ‰ (p < 0.05), com uma alta taxa de crescimento por assentamentos rurais +14.1, e taxa de crescimento negativa por região -10.2. A percentagem para a classe X de doenças em 1 distrito foi de 65,36%, enquanto que em 3 distritos variou também para 66,29%.

O terceiro lugar em 1 distrito foi ocupado por doenças da pele e do tecido subcutâneo, ou seja, foi no nível 4,85%. O nível de morbilidade primária para a classe XII de doenças (1 distrito), por indicador médio anual, foi significativamente médio 534,29 ± 44,07 ‰ (p < 0,05), com taxas de crescimento negativas em ambos os distritos - 3,1 %, na região de Dnepropetrovsk -26,2 % (Fig. 7).

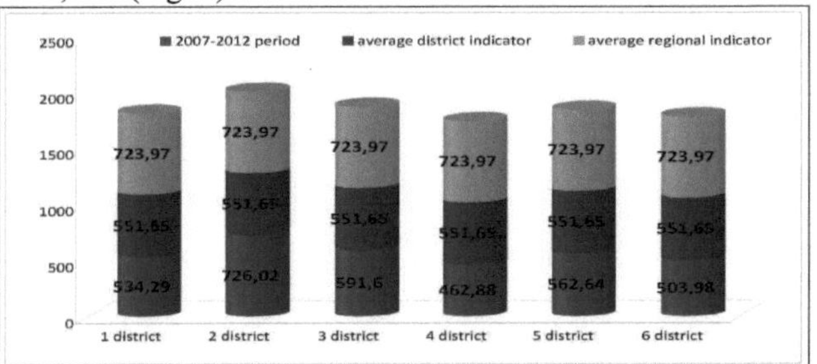

Figura 7 Incidência de doenças da pele e do tecido subcutâneo na população infantil de

14 anos, por níveis de indicadores anuais, nos distritos rurais da região de Dnepropetrovsk durante os anos 2007-2012 (casos por 10 000 crianças).

Além disso, o nosso estudo demonstrou que a taxa mais elevada de incidência da classe XII de doenças em 2 distritos rurais foi positiva (+31,6%), ao nível da morbilidade (726,02±89,13) ‱ ($p > 0,05$). A taxa de crescimento positiva para esta classe de doenças entre as crianças foi observada na região até +0,3. A análise dos níveis de morbilidade das crianças no distrito 2 mostra o maior crescimento para as doenças do sistema endócrino (+130,9%), nervoso (+56,5%), músculo-esquelético (+75,9%), geniturinário (+22,9%), anomalias congénitas (malformações) (+25,2%) e anomalias congénitas do sistema circulatório (+55,2%), com taxas de crescimento elevadas em média por distrito.

O nosso interesse centrou-se na redução da morbilidade infantil em 2 distritos com uma taxa de crescimento negativa, que foi observada para as seguintes doenças, bem como para o sistema sanguíneo e hematopoiético (taxa de crescimento -13,5%), anemia (-12,6%), sistema digestivo (-25,1%). No entanto, a baixa diminuição da incidência de neoplasias (-6,8 %) foi revelada em 2 distritos durante os anos 2007-2012.

Conseguimos mostrar que entre a população infantil - habitantes do 3° distrito até aos anos 2007-2012 foi efectuada uma taxa positiva de incidência de doenças como as do aparelho respiratório (+14,1 %), digestivo (+2,3 %), pele e tecido subcutâneo (+7,2 %). No distrito 3 tem uma grande importância a tendência de crescimento negativo estas doenças bem como as infecciosas e parasitárias (-39.3 %), neoplasias (-31.1 %), sangue e sistema hematopoiético (-20.0 %), anemia (-19.5 %), sistema endócrino (29.6 %), nervoso (-28,7 %), circulatório (-35,4 %), músculo-esquelético (-48,0 %), geniturinário (-5,9%), anomalias congénitas (malformações) (-32,0 %) e anomalias congénitas do sistema circulatório (-33,7 %).

No entanto, torna-se claro que as taxas de incidência de algumas classes de doenças entre crianças de 14 anos em todos os distritos rurais mostraram o nível mais baixo caracterizado para as doenças infecciosas e parasitárias durante 2007 - 2012 anos em 3 distrito, deve estar no nível (246.72 ± 15.55) ‱ ($p < 0.05$), enquanto o nível mais alto I classe de doenças foi observada em 2 distrito (549.27 ± 52.90) ‱. Como se mostra na Fig. 8, um nível médio anual desta classe de doenças excedeu o nível médio regional de incidência (533,10±38,75) ‱ em 1,03 vezes e o nível médio distrital (410,68±31,68) ‱ em 1,34 vezes.

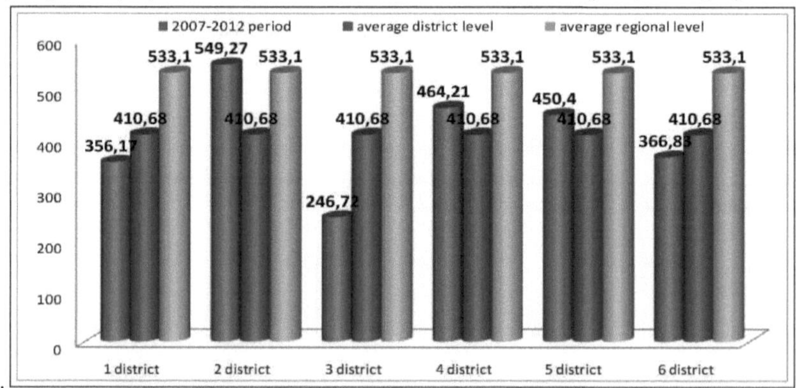

Figura 8 Incidência da população infantil de 14 anos nas doenças infecciosas e doenças parasitárias, por níveis de indicadores anuais, nos distritos rurais da região de Dnepropetrovsk durante os anos 2007 - 2012 (casos por 10.000 crianças).

A incidência de tumores em crianças com menos de 14 anos de idade foi significativamente mais elevada, segundo indicadores anuais, num distrito: 19,92±1,81 ‱ (p < 0,05) e no distrito 5: 19,59±3,04 ‱ (p < 0,001). Neste caso, a classe II da doença excedeu o significado de um nível médio distrital 16,92±0,48 ‱ em 1,78 vezes (1 distrito) e em 1,02 vezes (5 distritos), com taxas de crescimento positivas por distritos: de + 17,7 a +15,8 %. Em geral, a classe II de incidência de doenças entre a população infantil não deve exceder um nível médio de morbilidade (25,20±0,39) ‱ em todos os distritos da região de Dnepropetrovsk (p <0,001) (Fig. 9).

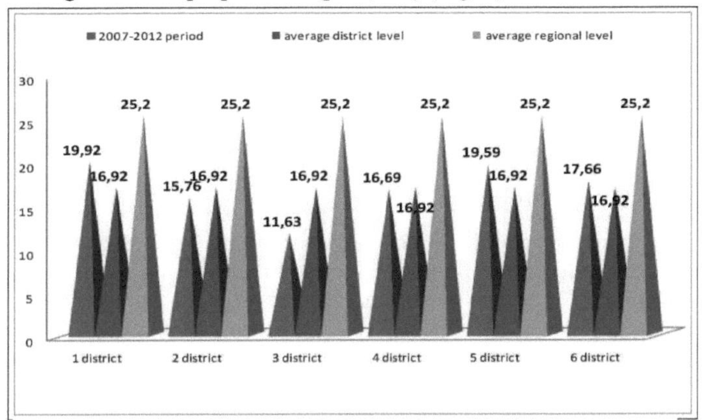

Figura 9 Incidência de tumores na população infantil de 14 anos, por níveis de indicadores anuais, nos distritos rurais da região de Dnepropetrovsk durante os anos 2007-2012 (casos por 10 000 crianças).

Durante os anos 2007-2012, registou-se uma taxa de crescimento negativa de tumores nas seguintes povoações, bem como no distrito rural 1 (-20,9%), distrito 2 (-37,5%), distrito 3 (-31,1%), distrito 4 (-33,8%), distrito 5 (-22,3%), distrito 6 (29,2%) (Fig. 10).

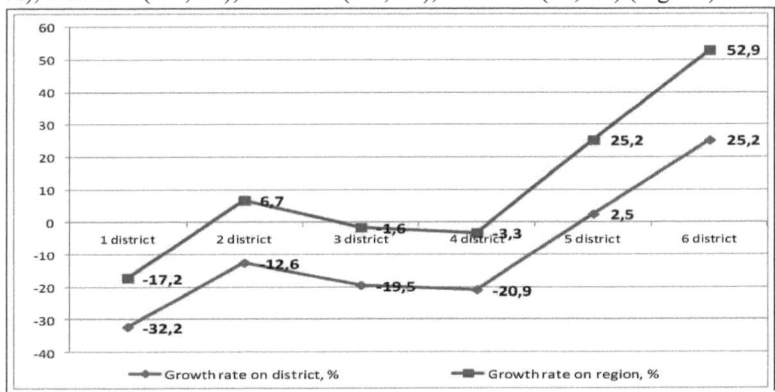

Figura 10 Taxas de crescimento da anemia entre as crianças de 14 anos nos distritos rurais da região de Dnepropetrovsk durante os anos 2007-2012.

A estrutura dos tumores em crianças de 14 anos em alguns dos distritos da região de Dnepropetrovsk era a seguinte: de 0,09% no distrito 3rd a 0,21% no distrito 4th .

A dinâmica da morbilidade considerou um aumento significativo das doenças do sangue e do sistema hematopoiético no território da região de Dnepropetrovsk entre a população infantil: de 156,90±11,76 casos num distrito (p < 0,05) para 289,71±32,72 casos por 10.000 crianças em 6 distritos. A proporção de intensidade desta patologia em alguns distritos da região aumenta de 1,42% no 1 assentamento rural para 3,05% no 6 distrito. A taxa de crescimento positivo da incidência desta patologia em alguns dos distritos abrangidos pela classe III de doenças, bem como no distrito 5 (+3,3%) e no distrito 6 (+24,9%), excede o nível médio para esta classe de patologia em todos os distritos em 1,03 - 1,25 vezes. A taxa de crescimento positiva típica para a classe III de doenças, realizada para níveis regionais médios, corresponde a +24,5% no distrito 5 e +50,6% no distrito 6, com a superação de um significado regional médio em 1,25 - 1,51 vezes.

Foi revelada uma tendência de aumento significativo de casos de anemia em crianças de 14 anos: de 155,12±11,42‰o (p <0,05) casos no distrito 1 para 286,68±32,59‰o casos no distrito 6. A tendência de crescimento negativo da anemia ocorre nos seguintes assentamentos rurais: 32,2% no distrito 1; 12,6% no distrito 2; 19,5% no distrito 3; 20,9% no distrito 4. A taxa de crescimento positivo para a classe III (D50-D53) de doenças foi típica nos 5 e 6 distritos, respetivamente, de +2,5 a +25,2 % (em todos os distritos) e de +25,2 a +52,9 % (na região) (Fig. 4). Em ambos os distritos da região de Dnepropetrovsk, a incidência desta classe de doenças excedeu o nível médio de morbilidade: 1,02 - 1,25 vezes (em todos os distritos) e 1,25 - 1,53 vezes (na região).

A proporção de doenças do sistema geniturinário em toda a estrutura de doenças entre crianças com 14 anos de idade variou em alguns distritos rurais: 1,73 % (1 distrito); 2,29 % (2 distritos); 1,80 % (3 distritos); 2,86 % (4 distritos); 2,35 % (5 distritos); 2,47 % (6 distritos). A classe de doenças de nível XIV mais baixa foi registada no distrito 1: 190,84±20,75 ‰o, com taxas de crescimento negativas em ambas as povoações - 14,4 %, e na região -32,1 %. O nível mais elevado desta classe de doenças entre as crianças foi observado no distrito 2: 273,89±23,72 ‰o, com um crescimento positivo nos distritos de +22,9% e uma taxa de crescimento negativa na região de -2,6 %. Finalmente, as doenças do aparelho geniturinário ultrapassaram o seu nível correspondente (em todos os distritos) no distrito 2 (1,23 vezes); distrito 4 (1,0 vezes); distrito 5 (1,18 vezes); distrito 6 (1,05 vezes).

A incidência de crianças aos 14 anos de idade num caso de anomalias congénitas do sistema circulatório foi a mais elevada nos distritos 2, 4 e 6, o que deve exceder os níveis médios de morbilidade distrito-região em alguns aglomerados rurais: Distrito 2 (1,55 - 1,73) vezes; Distrito 4 (1,26 - 1,41) vezes; Distrito 6 (1,26 - 1,41 vezes). As doenças com a taxa de crescimento mais elevada da classe XVII (Q20-Q28) foram observadas: por níveis médios distritais - no distrito 2 (+55,2 %), por nível médio regional (+73,1 %); no distrito 4 - por níveis médios distritais (+26,0 %), por nível médio regional (+40,6 %); no distrito 6 - por níveis médios distritais (+26,4 %), por nível médio regional (+41,0 %). Os outros distritos registaram taxas de crescimento negativas durante os anos 2007-2012: no distrito 1 - por níveis médios distritais (-16,2%), por nível médio regional (-6,5%); no distrito 3 - por níveis médios distritais (-33,7%), por nível médio regional (-26,1%); no distrito 5 - por níveis médios distritais (-22,2%), por nível médio regional (-13,2%).

Capítulo 4

QUALIDADE DA ÁGUA NO RESERVATÓRIO DE KARACHUNIVSKYI COMO FONTE BÁSICA DE ABASTECIMENTO DE ÁGUA NA CIDADE DE KRYVYI RIG

O sector económico da indústria na região de Kryvorizhskyi foi formado com base nos recursos minerais, bem como numa elevada concentração e desenvolvimento da indústria mineira e metalúrgica. Desde 2008-2012, o teor de azoto amoniacal aumentou e o teor de azoto nitrato diminuiu, o que levou à deterioração da autodepuração da barragem de Karachunovskyi. A água retirada da barragem de Karachunovskyi deve pertencer à "classe 4" (por quantidade de azoto amoniacal e nitritos); à "classe 3" - por teor de HM (Mo, Mg, Cd); à "classe 2" (Ni, Zn, Fe, Cu); à "classe 1" (Pb, F, Cr, fenóis, substâncias sintéticas tensioactivas).

Palavras-chave: *classe das fontes de água; parâmetros de qualidade da água; indicador médio anual; metais pesados; reservatório de água.*

A dinâmica do crescimento da dureza total da água, retirada de Karachunivskyi, foi efectuada através de um indicador médio anual, que variou de (6,76±0,40) mg- eq./dm^3 em 1965-1979 até (10,28±0,44) mg-eq./dm^3 em 2002-2012. Desde 1965-1979, a dureza total da água refere-se a 3 classes de fontes de água de superfície, de acordo com a norma ISO 4008:2007, bem como à "qualidade satisfatória e aceitável da água" [24]. O nível de um indicador médio anual em (1980-1990), (1991-2001), (2002-2012) anos, realizado para a dureza total excedeu o permitido 7,0 mg-eq./dm^3 , ou seja, a água do reservatório de Karachunivskyi pertence a 4th classe de águas superficiais, a sua qualidade deve ser descrita como "moderada, utilizável limitada, qualidade da água indesejada". O resíduo seco desde (1965 - 1979), (1980-1990) anos não deve exceder a norma higiénica (1000 mg/m^3). De acordo com as "Sanitary Rules & Norms" № 4630-88 [23], a água do reservatório pertence à classe 3 da classificação das águas superficiais, descrita na norma ISO 4008:2007. No entanto, desde 1991 até 2012 o resíduo seco deteriorou-se, a água pertence a 4 classes das massas de água de superfície. No mesmo período de observação, deve ser definido o aumento de um resíduo seco: desde 1991-2001 em 1,04 vezes até 2002-2012 em 1,23 vezes. O indicador médio anual de resíduo seco (1005,31±37,12) mg/dm^3 excedeu a norma sanitária em 1,0 vez (1965-2012) (Fig. 11).

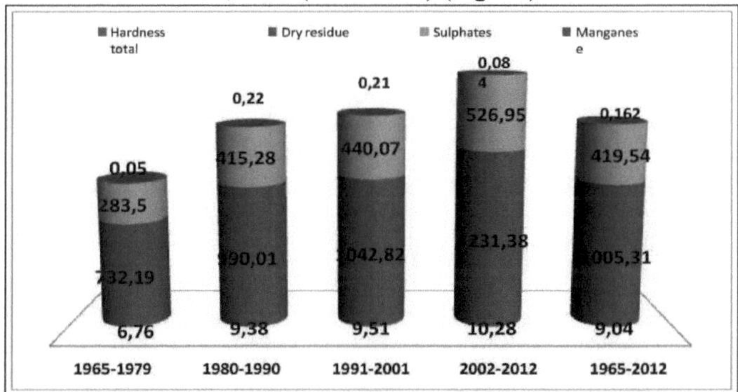

Figura 11. Indicadores médios anuais do teor de sal da água, retirados da albufeira de Karachunivskyi até (1965-2012) anos.

Foi registada uma tendência para o aumento do indicador médio anual de sulfatos na albufeira de Karachunivskyi. O teor de sulfatos aumentou de (283,50±8,50) mg/dm^3 nos anos 1965-

1979, que excedeu a concentração máxima admissível (MPC) em 1,13 vezes, para (526,95±6,27) mg/dm^3 nos anos 2001-2012, ou seja, (2,11 MPC). O sulfato na água da albufeira da região de Kryvorozskyi pertencia a 4 classes de perigo em todo o período de observação (1965-2012 anos). O teor de cloretos deve reduzir-se em 1,34 MPC: de (139,58±2,49) para (104,33±1,80) mg/dm^3 . Por outro lado, desde 2008-2012, os cloretos não devem exceder o MPC (250 mg/dm^3) na água do reservatório, portanto, a qualidade da água passou para 3 classes (101-250 mg/dm^3). O teor mais elevado de manganês foi observado entre os anos (1980 - 1990) e (1991 - 2001), bem como 2,2 - 2,1 MPC. No total, a qualidade da água por este indicador pertence à classe 3rd (0,162±0,018) mg/dm^3 para todo o período (1965-2012 anos). A boa qualidade de uma massa de água de superfície em termos de manganês, tal como a classe 2 "qualidade da água boa e aceitável", foi registada desde 1965-1979 até 2001-2012, ou seja, abaixo da concentração máxima admissível (0,1 mg/dm^3).

No reservatório de Karachunivskyi, desde 2008-2012, o teor de cobre diminuiu 1,8 vezes: de (0,0056±0,001) para (0,0031±0,0006) mg/dm^3 , no entanto, este elemento químico não excedeu o MPC (1,0 mg/dm^3), a água corresponde à classe 2 (1 - 25 mcg/dm^3). O flúor no reservatório de água não deve exceder o MPC (0,7 mg/dm^3), referente à classe 1 de qualidade da água (< 700 mg/dm^3). Durante 5 anos o teor de flúor diminuiu em 1,18 vezes: de (0,313±0,021) até (0,266±0,164) mg/dm^3 , com valor mais alto em 2009 (0,332±0,021) mg/dm .^{3}

O azoto amoniacal não deve exceder o MPC (2 MrN/dm^3), com tendência para aumentar este composto em 2008-2012, com o teor mais elevado em 2010 (0,393±0,025) MrN/dm^3 . Assim, a qualidade da água em 2010-2011 correspondeu à classe 3, enquanto nos anos anteriores - classe 2. Indicador médio anual (0,262±0,013) MrN/dm^3 de azoto amoniacal deve corresponder à classe 2 (0,10 - 0,30) MrN/dm^3 . O nitrogénio nitrito não excederia o MPC (3.3 MrN/dm^3) em todo o período de 5 anos, a água pertencia à classe de qualidade 3rd . Nos anos 2008 - 2010 seguintes, a água da albufeira de Karachunivskyi pertencia à classe 4 "qualidade moderada, baixa - adequada, indesejável" (>0,050 MrN/dm^3), com o valor mais elevado em 2010 (0,061±0,021) MrN/dm^3 . Principalmente, o teor de azoto nitrato tem uma tendência negativa para a redução em 2008-2012, mas a sua concentração não excedeu o MPC (45 MrN/dm^3). Consequentemente, a albufeira de Karachunivskyi deve ser colocada na classe 4th (> 1,00 MrN/dm^3), com o teor mais elevado de azoto nitrato em 2008 (1,58±0,17) MrN/dm .^{3}

O arsénio no reservatório de água não deveria exceder o MCL (0,05 mg/dm^3) até 2008 - 2012, a qualidade da água pertencia à classe 2. A tendência de redução foi demonstrada pelo conteúdo médio de arsénio num reservatório de água superficial até 5 anos, o valor deste metal variou de 0,005 a 0,001 mg/dm^3 . O teor de cianeto na água situou-se num intervalo constante (0,02 - 0,05) mg/dm^3 , o seu indicador médio anual (0,035±0,015) mg/dm^3 . Assim, a água contendo cianeto, que deveria corresponder à classe 3 (11-50 mcg/dm^3), o seu teor nunca excede o MCL (0,1 mg/dm^3).

O teor médio de níquel foi registado com tendência para aumentar - até 15 MPC: de (0,004±0,002) em 2009 até (0,060±0,004) mg/dm^3 em 2012. No entanto, este metal pesado (HV) não deve exceder o seu valor normal (0,1 mg/dm^3). A água com um teor médio anual de Ni (0,043±0,007) mg/dm^3 deve corresponder à classe 2 (20 - 50 mcg/dm^3). O chumbo não excedeu o MPC (0,03 mg/dm^3) nas águas superficiais, estando no valor constante < 0,001 mg/dm^3 ; caracterizou a fonte de água como a de melhor qualidade (1 classe).

A dinâmica da redução de sódio e potássio no reservatório de água é efectuada: de (236,58±4,83) até (189,33±6,05) mg/dm^3 . O teor de Na+K corresponderia a (1,18 - 1,11

MPC) até aos anos 2008-2010. Um nível médio anual de Na+K excede o MPC em 1,07 vezes, e foi mostrado como 215,0±4,31 mg/dm .[3]

A tendência para o aumento do teor médio de ferro no reservatório de água excedeu o valor diário (0,3 mg/dm^3) até 1,14 vezes em 2010 (0,342±0,003) mg/dm^3 . A classe de qualidade da água numa fonte superficial deve passar de 1 classe em 2008-2010 para 2 classes em 2011-2012; o teor de ferro varia de 0,060±0,009 a 0,083±0,021 mg/dm^3 . O teor de cádmio na água foi inferior ao MPC (<0,001 mg/dm^3) durante todo o período. Na barragem de Karachunivskyi, o teor de cobre diminuiu 1,8 vezes: de (0,0056±0,001) para (0,0031±0,0006) mg/dm^3 . O Cu não deve exceder o MPC (1,0 mg/dm^3), a qualidade desta água corresponde à classe 2 (1 - 25 pcg/dm^3). O flúor no reservatório de água não excede o MPC (0,7 mg/dm^3), realizado para a classe 1 (< 700 mg/dm^3). Até 5 anos, o flúor esteve abaixo do valor normal em 1,18 vezes: de (0,313±0,021) a (0,266±0,164) mg/dm^3 , com o valor mais alto em 2009 (0,332±0,021) mg/dm^3 . O teor de crómio não excederia o MPC (0,5 mg/dm^3), estando num nível (< 0,001 mg/dm^3). Indicador médio anual de crómio (0,030±0,006) mg/dm^3 , ou seja, 1 classe. Foi observada uma tendência semelhante para os fenóis, com um MPC abaixo do significado admissível (<0,001 mg/dm^3) desde 20082012 anos (1 classe). A água retirada do reservatório de Karachunivskyi continha polifosfatos, significativamente abaixo do MPC (3,5 mg/dm^3), com tendência de redução até 2008-2012. Provavelmente, o nível mais elevado de polifosfatos foi identificado (0,53±0,05) mg/dm^3 em 2008, tendo o seu teor diminuído desde 2011 até (0,14±0,03) mg/dm^3 . Os tensioactivos sintéticos (detergentes) em 2008 - 2009 estavam no nível (< 0,001 mg/dm^3), as amostras de água pertencem a 1 classe (<10 mcg/dm^3). Em geral, a água corresponde à classe de qualidade 2nd , de acordo com o baixo teor de detergentes 1.47 MPC: variou de (0.047±0.012) em 2011 até (0.032±0.009) mg/dm^3 em 2012 (Fig. 12).

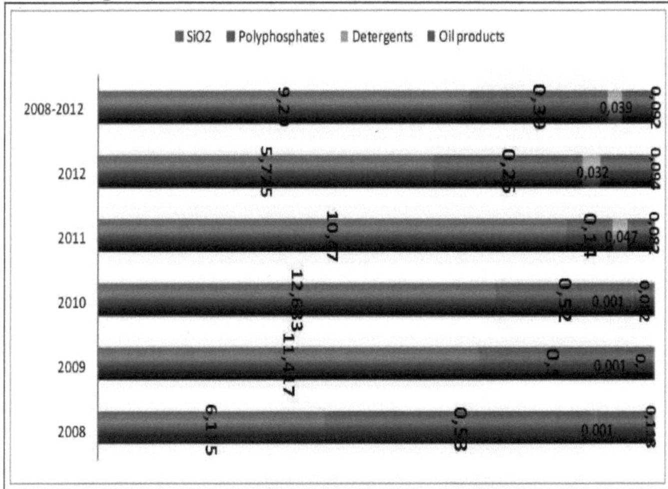

Figura 12. Valores de produtos químicos tóxicos na água, retirados da albufeira de Karachunivskyi desde 2008 - 2012.

Capítulo 5

FREQUÊNCIA DE UTILIZAÇÃO DE PURIFICADORES DE ÁGUA POTÁVEL ENTRE OS CAMPONESES - HABITANTES DE DNEPROPETROVSK

ACORDOS

A maioria da população camponesa nos distritos experimentais (Krivorozhskii, Sofievskii, Shyrokovskii, Dnepropetrovskii) estava coberta com abastecimento de água centralizado e predominantemente presença de água descentralizada e engarrafada. As entrevistas realizadas com os inquiridos revelaram que a purificação adicional é a melhor forma possível de melhorar a qualidade da água potável. De acordo com os dados do estudo de acompanhamento, 42,16±5,56% dos camponeses utilizavam a fervura como método de purificação; 23,80±0,65% dos entrevistados nas povoações locais nunca utilizaram filtros purificadores de água; 27,96±0,55% dos camponeses utilizavam o filtro de vez em quando; 91,67±0,88% dos residentes rurais não estão satisfeitos com a utilização do filtro; 32,08±15,82% concentraram-se nos métodos de purificação adicionais, exceto a filtração (p <0,001).

Palavras-chave: *entrevistas padronizadas; purificadores de água potável; estações de engarrafamento de água; estações de tratamento de água; água engarrafada.*

O objetivo do trabalho é a recolha de informação detalhada sobre a qualidade da água da torneira que entra no edifício (apartamento), utilizada pela população que vive nos aglomerados rurais e pelos habitantes da cidade de Dnepropetrovsk (grupo de controlo), a fim de estimar o seu ponto de vista sobre os purificadores de água potável.

Os próprios resultados do questionário mostraram que entre os inquiridos, que usavam constantemente água engarrafada para beber, a visão dos camponeses em relação à qualidade dos purificadores de água potável foi considerada da seguinte forma: a maioria dos camponeses - 21,33±1.00 % tinha certeza significativa de que "a água se tornou perigosa para a saúde da pessoa" (p < 0,05); 11,53 ± 0,88 % não se preparam para afirmar sobre a qualidade da água (p < 0,05); 9,73 ± 0,29 % tinham certeza de que "há piora na qualidade da água, mas insignificante" (p < 0,05); 6,67 ± 0,52 % dos camponeses hesitaram em responder a esta pergunta (p < 0,001). Com base nas respostas à pergunta "Compra água em garrafa?"

Foi considerado o seguinte grupo de habitantes da cidade, que não utilizavam água engarrafada: apenas 2,14±0,61 % dos inquiridos mostraram que "a água é perigosa para a saúde das pessoas". A maioria dos habitantes da cidade não se pronuncia sobre a qualidade da água: 2,70±0,39 % (p <0,05). A minoria dos inquiridos nas povoações rurais tem a certeza significativa de que a qualidade da água está a piorar um pouco: 1,45±0,16 % (p < 0,05) (figura 13).

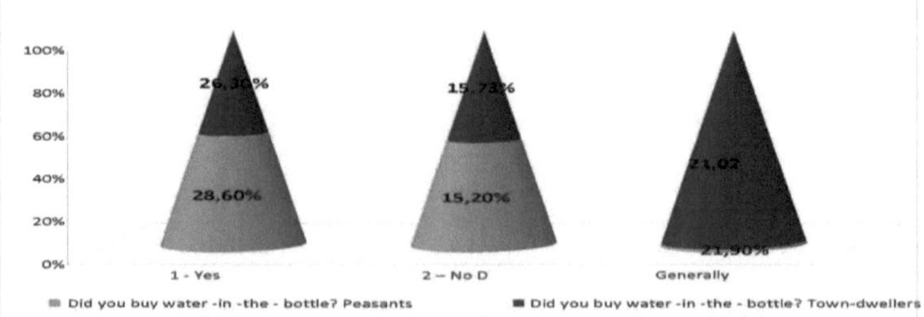

Figura 13 Resposta dos inquiridos à pergunta "Comprou água em garrafa?"

Na (tabela 1) foi demonstrado que 0,91 ±0,21 % dos inquiridos não estava determinado com a resposta; 28,60±1,55 % dos camponeses e 26,30±1,55 % dos habitantes da cidade instalam filtros domésticos para o tratamento da água. A minoria dos inquiridos em ambos os grupos não utiliza purificadores de água potável: 15,20±1,36 % dos camponeses e 15,73±1,08 % dos habitantes da cidade. Realizámos um inquérito sociológico entre os habitantes que não utilizam água engarrafada. Foi demonstrado que 5,64±1,20 % dos camponeses não utilizavam purificadores de água potável; 2,63±0,37 % dos inquiridos utilizavam filtros domésticos para beber ($p < 0,05$). Cerca de 4,37 ± 0,35 % dos habitantes da cidade, que não usavam água engarrafada, compraram filtros domésticos ($p < 0,05$); 2,61 ± 0,39 % dos habitantes da cidade nunca usaram purificadores de água potável. Os nossos resultados [28, 29] mostram que 15,77±1,19 % dos camponeses consideram a água da torneira como "segura para a sua saúde após tratamento normal" ($p < 0,05$). Para 11,87±0,35 % dos camponeses, a água engarrafada não era confortável de transportar; 6,58±1,65 % dos inquiridos hesitaram em responder a esta pergunta.

Quadro 1

Respostas dos inquiridos do grupo experimental e do grupo de controlo às pergunta "Concorda que na sua povoação a qualidade da água potável está a diminuir ?" (M±m, %)

Variantes de respostas	Camponeses (n=75)	Habitantes da cidade (n=75)	Camponeses (n=75)	Habitantes da cidade (n=75)
	Compra água em garrafa?			
	Sim		Não	
Não, não é definido para afirmar	11.53±0.88[2]	5.16±1.21[2]	2.70±0.39[2]	0.91±0.21[2]
Sim, a qualidade da água está a piorar, mas é insignificante	9.73±0.29[2]	12.70±0.70[2]	1.45±0.16[2]	2.92±0.212
Sim, a água tornou-se perigosa para a saúde das pessoas	21.33±1.00[2]	31.73±1.95[2]	2.14±0.61	3.37±0.41
Hesitar em responder a esta pergunta	6.67±0.521	1.55±0.13[1]	0.91±0.21	0.00

Quantidade geral de inquiridos, determinada com a resposta	12.32±3.16	12.79±6.73	1.80±0.39	1.79±0.80

Nota. [1] - significância dos dados estatísticos do grupo experimental em relação aos níveis médios do grupo de controlo > 95,5 % ($p < 0,001$);[2] - ($p < 0,05$).

Foi realizado um inquérito sociológico a fim de estimar as preferências dos inquiridos, bem como o volume e o material de embalagem. Com base nas respostas às perguntas, foi utilizada a seguinte classificação: 23,80±2,02 % dos camponeses preferem comprar água engarrafada de 5 litros; 15,43±1,16 % dos camponeses compraram água de fábricas de engarrafamento. As seguintes variáveis foram incluídas no inquérito sociológico, bem como 1,5-2 litros de água em garrafa 12,13±0,88 %; 1 litro 11,87±0,94% ($p < 0,001$). As garrafas de plástico de 0,5-0,6 litros foram menos populares, como assinalado por 6,04±0,76% dos camponeses. De 8,07±0,58 a 5,87±0,42 % dos camponeses preferem garrafas de vidro de 0,33-0,5 litros; 3,18±0,21 % - garrafas de plástico de 0,33 litros. Os resultados do inquérito sociológico mostraram que os habitantes da cidade utilizavam água potável de fábricas de engarrafamento: 24,37±3,31 %; água engarrafada de 5 litros: 18,77±0,53 %; garrafas de plástico de 1,5-2 litros: 12.40±0.56 %. Os habitantes da cidade utilizaram garrafas de plástico de 0,33-1 litro: 4,13±0,34 - 4,22±0,26 % ($p < 0,001$); garrafas de vidro de 0,33-0,5 litros: de 5,06±1,01 % a 5,45±1,18 % (figura 14).

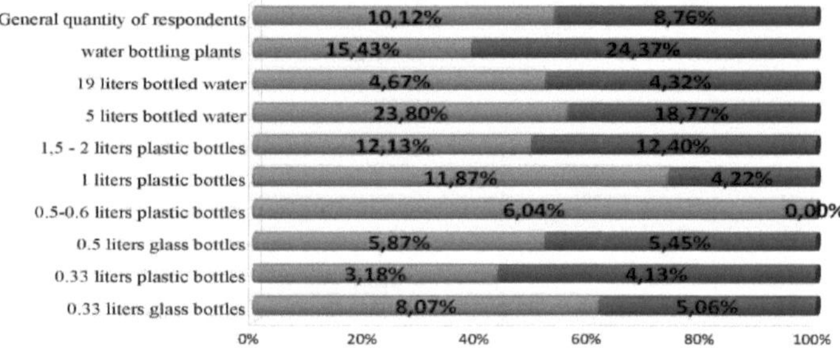

Figura 14 Resposta dos inquiridos à pergunta "Quais são as suas preferências em termos de volume e material de embalagem?"

Foi estatisticamente significativo que cerca de 18,57±0,55 % dos camponeses utilizavam água potável todos os dias ($p < 0,05$); 14,87±0,92 % - uma vez por semana; 2-3 vezes por semana e mais: 14.17±1.84% ($p < 0.05$). Uma vez por mês - 13,13±2,09 % dos inquiridos das povoações da região de Dnepropetrovsk ($p < 0,05$); 2-3 vezes por mês - 6,08±0,93 %, 5 - 6 vezes por mês: 7,85±0,33 % ($p < 0,001$) (figura 15).

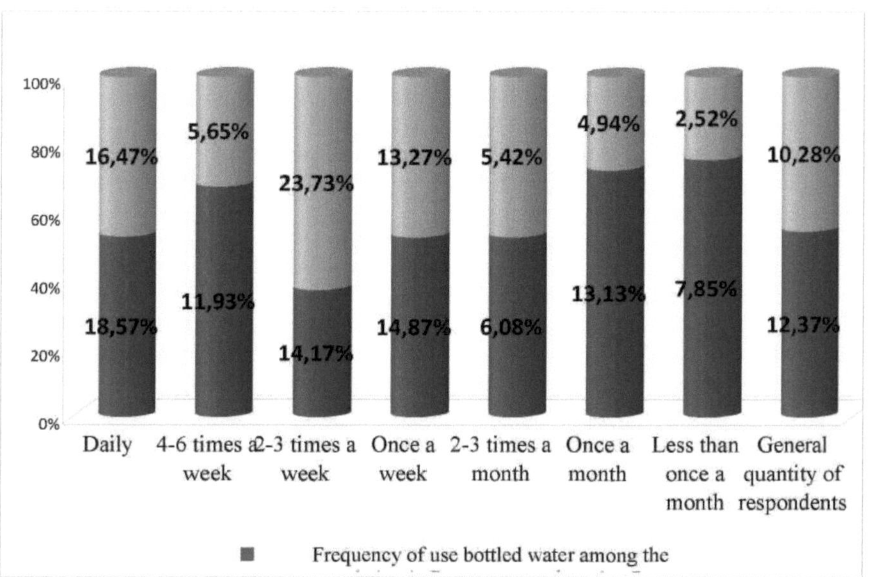

Figura 15 Relação entre a população das povoações da região de Dnepropetrovsk e a necessidade de utilizar água engarrafada.

A entrevista foi realizada através de um questionário de auto-teste, bem como de uma estimativa subjectiva do estado de saúde de acordo com os seguintes critérios: "bom", "satisfatório", "mau", "insatisfatório". Consequentemente, em primeiro lugar, 39,02±5,54% dos camponeses apresentaram uma estimativa subjectiva do estado de saúde como "satisfatório". O segundo lugar pertence à "saúde precária" - 30,73±5,47%; o terceiro lugar é ocupado por 23,97±5,37% dos camponeses com "saúde insatisfatória". No mínimo, 26,77±1,79% dos camponeses consideravam-se de "boa saúde".

A maioria dos inquiridos entre os habitantes da cidade, 42,88±7,26 %, revelou ter um "estado de saúde satisfatório"; 31,14±7,51 %, um "estado de saúde mau"; 28,77±1,80 %, um estado de saúde "bom". A minoria dos habitantes da cidade: 23,96±6,69 % estimaram a sua saúde como "insatisfatória".

Capítulo 6

INFLUENCIAR A ÁGUA POTÁVEL COM FERRO ANORMAL CONCENTRAÇÃO NA SAÚDE DOS CAMPONESES NO DISTRITO DE POLOHY

O objetivo da nossa investigação está relacionado com o possível impacto na saúde dos camponeses, habitantes do distrito de Polohy, da água potável com concentrações anormais de ferro.

O teor excessivo de ferro provoca um sabor desagradável e o possível desenvolvimento na população de doenças como a pneumoconiose, a miocardiopatia, a miocardiodistrofia, a irritação das vias respiratórias superiores, a síndrome asteneno-vegetativa e a distonia vascular. O ferro provoca distonia vegetativa-vascular, siderose hepática e insuficiência renal, osteoporose, reumatismo, hipertensão, asma brônquica, doenças do sistema sanguíneo e do trato gastrointestinal.

A estrutura dos eritrócitos humanos e das glicoproteínas funcionais ajuda-nos a compreender a natureza das alterações patológicas nos genes humanos, incluindo as alterações patológicas das sideroses, que são causadas pelo ferro [31] (fig. 16).

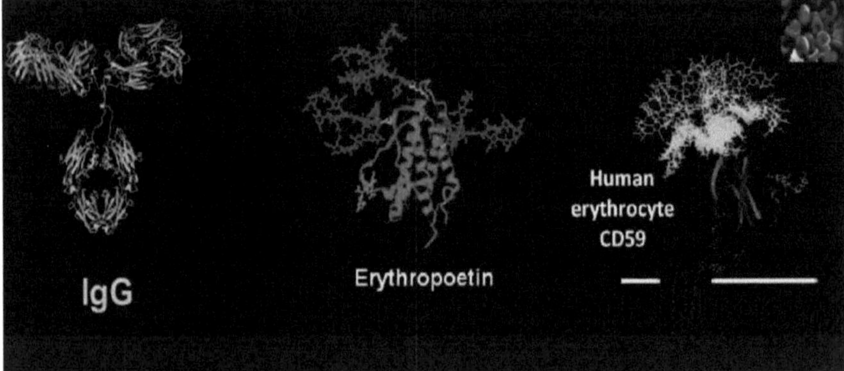

Figura 16. Estrutura da Ig G, Eritropoetina, eritrócito humano.

Na estrutura da morbilidade infantil no distrito de Polohy e na cidade de Polohy, a gastrite e a duodenite ocupam a primeira posição. A incidência da classe XI de doenças, forma nosológica (K20-K31), entre a população infantil, habitantes da cidade de Polohy, durante os anos 2009 - 2012 tem tendência a diminuir (de 100,8 para 71,8) casos por 100 000 crianças. A taxa de incidência de gastrite e duodenite entre a população infantil nas povoações do distrito de Polohy no mesmo período de tempo foi observada de (90,7 casos para 56,3) casos por 100 000 crianças, o que caracterizou uma tendência para reduzir a incidência desta classe de doenças em dinâmica. O nível mais elevado de gastrite e duodenite foi registado na população infantil da cidade de Polohy em 2011 (106,9 casos por 100 000 crianças), o que foi superior ao indicador análogo no distrito rural de Polohy em 1,39 vezes [32, 33, 34].

A segunda posição na estrutura da morbilidade infantil é ocupada pela colelitíase. O nível de morbilidade entre a população infantil na cidade de Polohy para a classe XI de doenças, forma nosológica (K80-K87), caracteriza-se pela tendência para diminuir durante os anos 2009-2012, respetivamente (de 35,8 para 28,9) casos por 100 000 crianças, o que excede o mesmo nível de morbilidade infantil nas povoações do distrito de Polohy (até 2,02 - 1,23) vezes. No entanto, o nível de análise da morbilidade infantil no distrito rural mostra um aumento da incidência de colelitíase (de 17,7 para 23,4) casos por 100 000 crianças. A forma nosológica de incidência de aumento pronunciado (K80-K87), XI classe de doenças, foi estabelecida no ano de 2010 entre os camponeses do distrito de Polohy. O nível de morbidade da colelitíase nos assentamentos do distrito de Polohy foi (32,1 casos) 1,4 vezes maior, em comparação com a população infantil na cidade de Polohy (22,7 casos) [35].

Na (figura 17) descreve-se que a população camponesa do distrito de Polohy, região de Zaporozhskyi, se caracteriza pelo crescimento da incidência de gastrite e duodenite durante o período de controlo (2009 - 2012 anos).

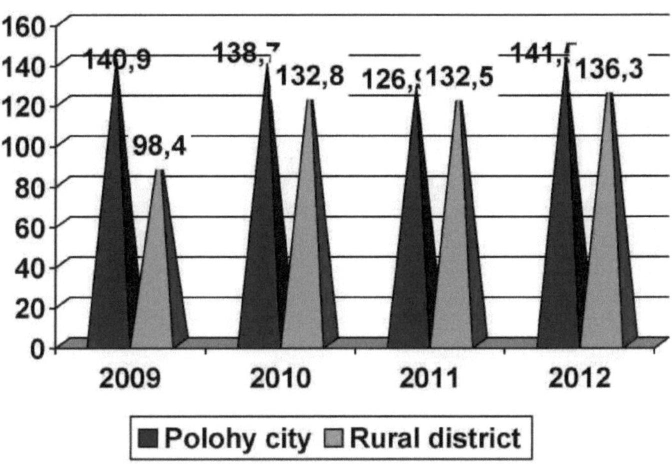

Figura 17. Incidência de gastrite e duodenite entre a população urbana e rural durante os anos de 2009-2012.

Assim, a incidência da classe XI de doenças (K80-K87) nos habitantes da cidade de Polohy foi registada ao nível (de 140,9 a 141,5) casos por 100 000 habitantes, o que é superior ao nível semelhante de morbilidade entre os camponeses do distrito de Polohy em (1,43 - 1,04) vezes.

Foi observado um crescimento significativo da morbilidade da classe XI (K20-K31) de doenças nos camponeses que vivem no distrito rural (de 98,4 para 136,3) casos. O nível mais elevado de gastrite e duodenite foi descoberto em 2012, entre a população urbana e rural (141,5 - 136,3 casos) por 100 000 habitantes [36, 37]. Desde os anos 2009-2012, na população urbana e rural, foi comprovado um crescimento significativo de casos de hipertensão: (de 2680,5 para 2934,8) na cidade de Polohy; (de 2567 para 2682,8) na população camponesa (distrito rural). Por um lado, a maior incidência da classe IX (I10-I15) de doenças foi observada no ano de 2010 entre os habitantes da cidade de Polohy (3041 casos). Por outro lado, nos camponeses do distrito rural, o nível mais elevado para a mesma classe foi (2682,8 casos por 100 000 habitantes) em 2012.

Ao mesmo tempo, a tendência para diminuir a classe XIV (N20-N23) de doenças em ambos os casos (entre a população urbana e rural) ocorreu de 2009 a 2012. Por isso, o nível de urolitíase foi (2,04-1,09) vezes mais baixo entre os camponeses: (18,7 - 14,9) casos, em comparação com a população da cidade de Polohy (38,2 - 16,3) casos por 100 000 pessoas.

Capítulo 7

AVALIAÇÃO ECOLÓGICA E HIGIÉNICA DA QUALIDADE DA ÁGUA POTÁVEL DA ALBUFEIRA DE KARACHUNYVSKYI

Antecedentes e objectivos. A composição mineral da água potável influencia o sabor e causa doenças não infecciosas na população. Nas condições da Ucrânia, as investigações no campo da água potável tornaram-se um problema higiénico atual [38]. Pode considerar-se que a mineralização total da água potável e a sua influência no corpo humano foram suficientemente estudadas [39]. A utilização diária de água potável com resíduos secos superiores a 1000 mg/dm^3 é acompanhada pelo aumento de doenças como pedras nos rins e doenças do sistema urinário, doenças do sistema de circulação sanguínea, doenças hipertensivas, doenças isquémicas do coração, cardiomiopatia, hipertensão, etc. A água com alto nível de mineralização pode causar diarreia nas pessoas que mudaram de residência. Isto está relacionado com o sulfato de magnésio, que irrita a membrana mucosa dos intestinos, aumentando a sua motilidade. Além disso, sob a influência da água potável, alteram-se as funções secretoras e motoras do estômago[40].

O objetivo é estudar amostras da composição mineral e química da água potável, que foi retirada do reservatório de Karachunyvskyi, principal fonte do sistema centralizado de abastecimento de água na cidade industrial de Krivoy Rog.

A tendência para diminuir a dureza total de (10.83±0.13) até (9.09±0.23) mol/m^3 foi revelada durante os anos 2008-2012. O excesso de taxas higiénicas foi estabelecido em (1.55 - 1.29) vezes, de acordo com o nível deste indicador (7.0 mol/m3) (Fig.18).

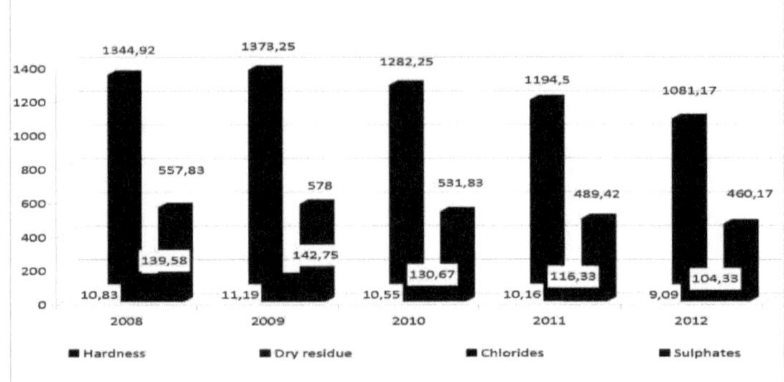

Figura 18. Valores dos componentes do sal nas amostras de água potável, que foram retiradas da albufeira de Karachunyvskyi durante os anos 2008-2012.

A tendência para diminuir foi registada pelo resíduo seco. O nível médio anual situou-se entre (1344,92±23,32) e (1081,17±27,15) mg/dm^3 . Foi determinado que o resíduo seco excedeu o padrão higiénico (até 1000 mg/dm^3) durante os anos 2008-2012 em 1,34 - 1,08 vezes. O valor mais alto de resíduo seco foi observado em 2009, sendo na medida (1373.25±11.22) mg/dm^3 , excedendo o valor padrão em 1.37 vezes. Ao mesmo tempo, o intervalo de confiança (IC) de (25 - 75) % deste componente do sal variou de (1348,5 a 1415) mg/dm .^{3}

De acordo com o valor médio das amostras de cloreto na água potável, retiradas do reservatório de Karachunyvskyi entre 2008 e 2012, não foi registado um teor superior ao normal (< 250 mg/dm^3), de acordo com SSRN 2.2.4-171-10. O teor de cloreto na água potável diminuiu anualmente e variou de (139,58±2,49) a (104,33±1,80) mg/dm^3 . A composição salina da água potável foi caracterizada por teores de sulfatos acima do normal: em 2,23 vezes (2008); em 2,31 vezes (2009); em 2,13 vezes (2010); em 1,96 vezes (2011); em 1,84 vezes (2012). O teor mais elevado deste sal foi registado em 2009 e ascendeu a (578,00±5,09) mg/dm^3 . O valor (25 - 75) % CI de sulfatos foi de (560 - 589) mg/dm .^{3}

O cálcio na água potável não é padronizado, a sua quantidade média variou de (91,17±0,97) até (82,25±3,51) mg/dm^3 , o valor mais alto foi (95,50±0,92) mg/dm^3 no ano de 2009. Substâncias químicas como cobre e flúor na água potável do reservatório diminuíram até os anos 2008-2012: Cu estava nas medidas (0,0056±0,001) - (0,0031±0,0006) mg/dm^3 ; F (0,313±0,021) - (0,266±0,164) mg/dm^3 . O magnésio na água potável do reservatório durante os anos 2008-2012 caracterizou-se pela tendência para diminuir de (76,57±1,19) para (58,85±2,64) mg/dm^3 . Sódio - potássio, que foi regulado no nível (<200 mg/dm^3), excesso de concentração máxima admissível (MAC) Na+-K+: (1.18 MAC) em 2008, um valor médio (236.58±4.83) mg/dm^3 ; (1.18 MAC) em 2009, um valor médio (236.42±4.70) mg/dm^3 ; (1.11 MAC) em 2010, conteúdo Na+-K+ iões (222.17±13.12) mg/dm^3 . Até ao período de observação, a água na barragem de Karachunyvskyi nunca excedeu o valor MAC por um teor médio de ferro. Em vez disso, em 2010, onde foi registada a concentração excessiva desta substância química (1,71 MAC).

Nas amostras de água potável, recolhidas do reservatório, a tendência de crescimento negativo, caracterizada pelo azoto amoniacal, contra o aumento da concentração média de nitratos durante os anos 2008-2012, causou a violação do processo de autodepuração natural e do processo sequencial de compostos orgânicos de nitrificação (Fig. 19).

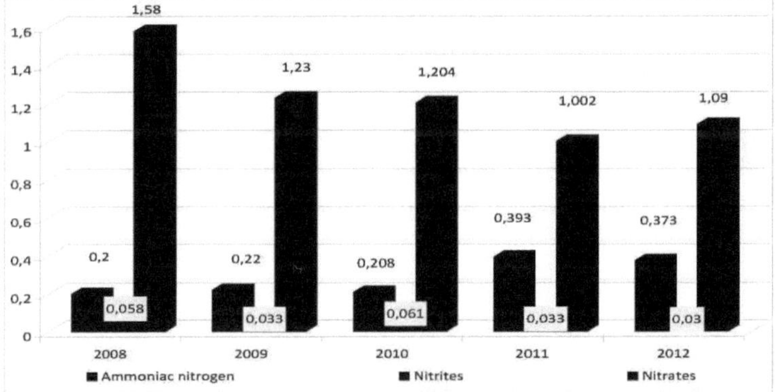

Figura 19. Valores de azoto amoniacal, nitritos e nitratos nas amostras de água potável, que foram recolhidas da albufeira de Karachunyvskyi durante 20082012 anos.

A concentração média de ferro em 2010 foi de (0,342±0,003) mg/dm^3 , (2575) % CI flutuou na medida (0,02 - 0,045) mg/dm^3 , devido à presença de ferro nos objectos ambientais, incluindo fontes de água como a cidade industrial de Krivoy Rog [42, 43, 44]. O teor de manganês excedeu o valor médio: em 2008 (1,42 MAC), em 2009 (1,3 MAC), em 2010 (1,54 MAC), provavelmente devido ao elevado teor de fundo deste elemento nos objectos ambientais e à descarga de águas altamente mineralizadas de empresas mineiras [45, 46].

Capítulo 8

ANÁLISE DO ESTADO DE SAÚDE DA POPULAÇÃO INFANTIL NO DISTRITO RURAL DE UMA REGIÃO INDUSTRIAL DA UCRÂNIA

O principal problema higiénico na Ucrânia é causado por processos de despovoamento entre os habitantes das zonas rurais das regiões industriais durante um período de 30 anos [47]. Por conseguinte, a investigação médico-demográfica e a investigação das doenças dos camponeses conduzem à melhoria da inspeção sanitária estatal e à criação de novas prioridades no domínio da proteção da saúde das crianças e dos adolescentes [48].

A tendência positiva para o aumento das doenças das crianças na idade (0 - 14) anos foi revelada num nível médio anual de doenças no distrito rural experimental, em comparação com o nível análogo na região de Zaporozskii pelas seguintes classes de doenças: patologia infecciosa e não infecciosa - as taxas de crescimento (RG) foram 8,3% (distrito) e 3,0% (região); patologia não infecciosa - RG 7.7 % (distrito) em comparação com 2,7 % (região); doenças infecciosas e parasitárias - RG 16,9 % (distrito) contra 6,8 % (região); não - carcinogénicas - RG (66,1 - 11,5) %; tumores carcinogénicos - RG (221.7 - 11,4) %; doenças do sistema nervoso e dos órgãos dos sentidos - RG (51,9 - 10,6) %; doenças do sistema respiratório - RG (12,5 - 3,1) %, respetivamente, tanto no distrito rural como nos territórios regionais. Foi determinado que o primeiro lugar na estrutura das doenças entre os grupos de adolescentes (15 - 17) anos está relacionado com a patologia infecciosa e não infecciosa.

Foi estabelecida uma tendência para o aumento dos casos de patologia infecciosa (de 44210,82±0,27 para 49021,05±0,28) em 100 000 habitantes de camponeses. Ao mesmo tempo, o segundo lugar na estrutura de doenças de crianças de (0 - 14) anos é ocupado por patologia não infecciosa, com tendência típica para aumentar durante 2008-2011 anos em 6,4 % no distrito experimental: de (42821,97±0,16 para 47828,79±0,25) casos em 100 000 habitantes. No terceiro lugar foram determinadas doenças do sistema respiratório. Esta patologia caracteriza-se por um aumento de 11,2% entre os camponeses do grupo etário dos (0-14) anos.

Por outro lado, a mesma tendência de crescimento foi revelada no grupo etário (15-17) dos camponeses, o seu nível médio anual foi de (13724,38 ± 0,18) casos (distrito) contra (15650,94 ± 0,19) casos em 100 000 habitantes (região).

Apesar desta tendência comum, entre os camponeses (15-17) anos descobriram outra tendência para diminuir classes de doenças como patologia infecciosa e parasitária com RG negativo (-8,0 %); sistema endócrino (-24,0 %); diabetes (18,9 %); distúrbios mentais (-14.5 %); miopia (-9,1 %); doenças do sistema circulatório (-6,6 %); incluindo algumas unidades nosológicas: hipertensão (-17,4 %); doença isquémica (-27,1 %); gastrite e duodenite (-36,7 %); patologia da pele e hipodérmica (-35,7 %); sistema ósseo e muscular (-6,6 %) (figura 20).

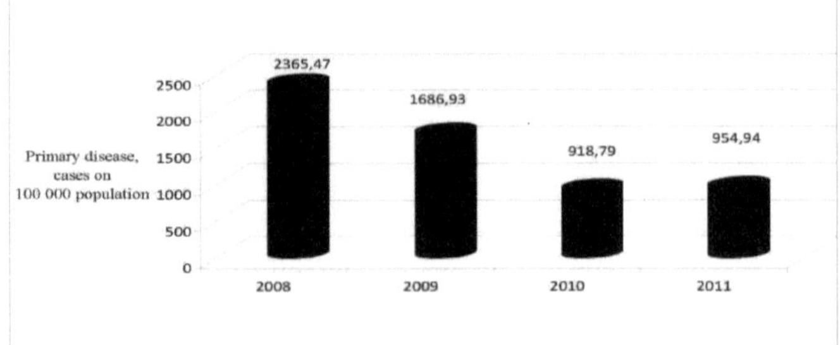

Figura 20. Tendência para a diminuição da patologia cutânea e hipodérmica nos camponeses de (1517) anos no distrito rural durante os anos 2008-2011.

A incidência primária de doenças, efectuada em ambos os grupos etários de camponeses, discutiu a existência de tendência para o aumento da patologia infecciosa e não infecciosa. Assim, no distrito experimental a incidência primária de doenças infecciosas e não infecciosas tem vindo a crescer constantemente nos camponeses dos (0-14) anos (de 168823.44 ±0.23 para 173071.57±0.30) casos. As taxas médias anuais para esta classe de doenças gerais foram (164360.13±0.24) casos (distrito) contra (170357.35±0.28) casos em 100 000 habitantes camponeses (região) (figura 21).

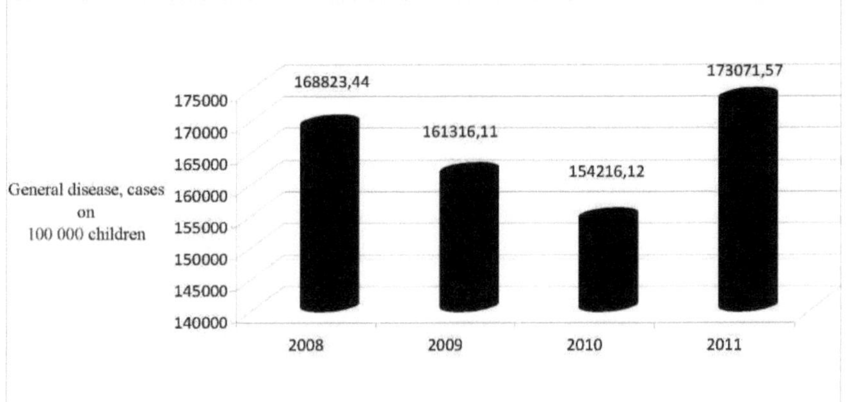

Figura 21. Tendência para o aumento da incidência primária de patologias infecciosas e não infecciosas nos camponeses (0-14) anos do distrito rural durante os anos 2008-2011.

A mesma tendência foi registada para a incidência primária de doenças não infecciosas, que se situou na medida (de 154845,11±0,16 para 156299,27±0,21) casos em 100 000 camponeses. O terceiro lugar pela frequência ocupada pelas doenças do sistema respiratório. A prevalência desta classe de doenças entre crianças (0-14) de idade foi, em média, na medida de (87260,22±0,14) casos (distrito) contra (104638,46±0,32) casos em 100 000 camponeses (região).

A análise da incidência primária das doenças entre os camponeses (15-17) anos de idade durante os anos 2008-2011 determinou tendências negativas para o crescimento de todas as classes, exceto doenças como: infecciosas e parasitárias, sistema de circulação sanguínea, sistema digestivo, patologia da pele e hipodérmica, sistema ósseo e muscular, patologia cancerígena, asma brônquica, gastrite e duodenite. A maior frequência de doenças prevalecentes foi encontrada entre as crianças do grupo etário (15-17) de 2008 a 2009, habitantes de um distrito rural experimental: casos infecciosos e não infecciosos (143326,14±0,27); casos não infecciosos (140161,98±0,23); casos carcinogénicos (2796.59±0,27) casos; sistema endócrino (7918,07±0,22) casos; sistema circulatório (58014,16±0,23) casos; sistema respiratório (17569,86±0,18) casos; sistema digestivo (12255,51±0,14) casos; patologia cutânea e hipodérmica (1651,26±0,20) casos; sistema ósseo e muscular (5576,40±0,20) casos em 100 000 camponeses.

Capítulo 9

INFLUÊNCIA DA QUALIDADE DA ÁGUA POTÁVEL NA SAÚDE DOS CAMPONESES DA REGIÃO DE HULAIPOLSKYI

Os nossos dados caracterizam a prioridade na esfera do abastecimento de água potável e o principal problema do abastecimento de água e da qualidade da água potável, atual para muitas regiões da Ucrânia, incluindo a região de Hulaipilskyi - a maior parte rural da região de Zaporozhskyi, cuja população recebeu água potável com desvios em alguns indicadores das normas de higiene. Foi estabelecida a deterioração da estrutura qualitativa da água potável com aumento da mineralização geral durante 2008-2012 no território do distrito de Hulaipolskyi (em 1,15 - 12,07) vezes. A tendência para o aumento deste indicador foi revelada nos distritos rurais de Voznesenskyi (em 14,39 - 22,65); Komsomolskyi (em 17,31-19,70); Novozlatopolskyi (em 9,93 - 13,45); Uspenskyi (em 20,72 - 21,82) e Malinovskyi (em 14,15 - 15,78). Foi constatado um elevado nível de prevalência de pedras nos rins e doenças do sistema urológico, doenças do sistema circulatório, doenças hipertensivas, doenças isquémicas do coração no território dos distritos rurais: Hulaipolskyi, Komsomolskyi, Novoslatopolskyi, Uspenskyi e Malinovskyi entre a população adulta, em comparação com o nível médio anual de tais doenças no território de controlo do distrito de Hulaipolskyi (p <0,001).

Palavras-chave: *incidência e prevalência de doenças, saúde dos camponeses, X Classificação Internacional de Doenças, nível médio anual de doenças, composição mineral da água, componentes minerais da água acima do valor normal, água potável, centraliza, descentraliza fontes, água engarrafada.*

Antecedentes e objectivos: analisar a influência da composição mineral da água potável na saúde dos camponeses (na região de Hulaipilskyi, a parte rural da região de Zaporozhskyi).

A principal caraterística do sistema de abastecimento de água local é a ausência de métodos adicionais de tratamento de água potável, apesar de critérios como dureza total, mineralização total, de acordo com as Normas e Regras Sanitárias Nacionais (SSRN 2.2.4-171-

10) "Requisitos higiénicos da água potável para consumo humano". Foram revelados valores acima do normal de mineralização total nas povoações locais da região de Hulaipolskyi, onde o abastecimento de água descentralizado foi efectuado através de poços tubulares ou poços de água: Dolynka (2265,10 mg/dm^3), Komsomolskyi (1970,87 mg/dm^3), Myrnyi (1731 mg/dm^3), Uspenivka (2182,2 mg/dm^3), Novomykolaivka (2072,4 mg/dm^3). A composição mineral da água potável respeita a norma SSRN 2.2.4-171-10 nas povoações: Liubymivka, Zalisnychne, Velyki Tersy, Priyutne, Novozlatopilia (até 995 - 1100 mg/dm^3).

Algumas das povoações (Vozdvyzhivka, Uspenivka, Dolynka) historicamente sempre tiveram valores acima do normal de mineralização total (até 1,11 - 2,26 vezes), o que causava um sabor amargo-salgado; a maioria dos camponeses usava água engarrafada (com tratamento adicional).

A pior composição mineral da água potável foi observada nos distritos experimentais de Komsomolskyi e Uspenivskyi. A mineralização total da água nestes distritos variou entre os valores (1731,9 - 1970,87) mg/dm^3 e (1350,8 - 2182,2) mg/dm^3 . Tais diferenças na salinidade da água potável em povoações separadas e vários sistemas de abastecimento de água (centralizado, descentralizado e água engarrafada) levaram à investigação da possível correlação entre a composição mineral da água potável e a saúde dos camponeses.

Os resultados da nossa investigação sugerem que, entre 2008 e 2012, foi revelado um aumento estatisticamente significativo da incidência de doenças do aparelho circulatório nas povoações de Vozdvyzhivskyi (4652,17±0,40) casos, Komsomolskyi (3071,97±1,17) casos e Novoslatopolskyi (4596,91±0,44) casos em 100 000 camponeses (p < 0,001). A incidência de doenças do sistema circulatório nestes distritos experimentais excede um nível médio anual em relação ao distrito de controlo (3048,56±0,02) casos em 100 000 camponeses em (1,53, 1,01 e 1,51) vezes, respetivamente. Nos distritos experimentais № 2, 3, 4, 5 (p < 0,001) foi registado um nível elevado estatisticamente significativo de doenças hipertensivas - (110-115) forma nosológica (tabela 2).

Table 2

Morbilidade dos camponeses adultos (casos por 100 000 habitantes) nos distritos experimentais e de controlo da região de Hulaipolskyi durante os anos 2008 - 2012

Forma nosológica	Assentamentos rurais em regime ambulatório						
	Distrito de controlo	Distritos experimentais					
		№ 1	№2	№3	№4	№5	№6
IX classe (I00-I99)	3048.56 ±0.02	2626.17 ±1.55*	4652.17 ±0.40*	3071.97 ±1.17*	4596.91 ±0.44*	2761.31 ±0.24	2236.06 ±2.66
(I10-I15)	1450.55 ±0.02	1250.16 ±0.01*	2366.93 ±0.03*	1928.02 ±1.14*	1770.38 ±0.24*	1600.58* ±0.38*	995.24 ±0.30
(I20-I25)	588.60 ±0.85	428.44 ±0.21*	1026.92 ±0.15*	616.96 ±0.17*	1428.46 ±0.08*	659.78 ±0.77*	1137.42 ±8.75*
Classe XIV (N20-N23)	69.60 ±2.83	38.60 ±0.08*	87.66 ±0.28*	179.90 ±0.32*	45.60 ±0.27	67.20 ±0.34*	40.20 ±0.15

Nota. * - a ultrapassagem estatisticamente significativa da morbilidade nos distritos experimentais em relação ao distrito de controlo é > 95,5% (p < 0,001).

A incidência de doença isquémica do coração (I20-I25), por 100 000 habitantes de camponeses, foi descoberta no distrito de controlo (588,6±0,85) casos, contra (1026,92±0,15) casos no distrito experimental № 2; (616.96±0,17) casos no distrito № 3; (1428,46±0,08) casos no distrito № 4; (659,78±0,77) casos no distrito № 5; (1137,42 ±8,75) casos no distrito № 6. Foi provada uma tendência estatisticamente significativa para aumentar esta classe de doenças em todos os distritos experimentais, exceto no distrito № 1 (428.44±0.21) casos: em (1.74; 1.05; 2.43; 1.12 e 1.93) vezes (p < 0.001).

Foi estabelecida uma tendência para o aumento de casos de problemas renais e cálculos ureterais (N20-N23) nos distritos experimentais № 2 (87,66±0,28) casos, № 3 (179,9±0,32) casos, e № 5 (67,20±0,34) casos contra (69,6±2,83) casos em 100 000 camponeses no distrito de controlo (p <0,001). A mesma tendência foi registada para a classe XIV de doenças entre os habitantes das povoações rurais de Vozdvyzhivskyi e Komsomolskyi (até 1,26 - 2,58) vezes.

A tendência para a diminuição das doenças da classe IX, suas formas nosológicas (I00- I99), (I10-I15), (I20-I25) e classe XIV (N20-N23) foi estabelecida no distrito experimental № 1 (p <0,001).

Análise prevalência de doenças determinada tendência negativa para o crescimento IX classe (I00-I99) entre os camponeses, coberto distritos experimentais № 5 (37002,87±0,02) casos e № 6 (39375,45±0,21) casos, que excede as taxas médias anuais para esta classe de doenças no distrito de controle (36757,75±0,43) casos em 100 000 camponeses população (até 1,01 - 1,07) vezes (p <0,001).

A mesma tendência foi registada para a prevalência da classe IX de doenças (I10-I15): distrito № 5 (18571.69±0.*22)* casos até 1.02 vezes, e № 6 (20980.25±0.30) casos até 1.15 vezes contra (18149.8±0.34) casos em 100 000 camponeses, vivendo no distrito de controlo.

Prevalência IX classe (I20-I25) de doenças por 100 000 camponeses determinou tendências de crescimento: no distrito № 4 (10090.41±0.36) casos; no distrito № 5 (12535.89±3.13) casos, contra (7921±0.09) estudo de caso de controlo. A maior prevalência de frequência destas classes de doenças tinha sido registada entre a população de camponeses desde 2008 - 2012 anos, que eram habitantes de um distrito rural experimental № 4, 5 (até 1,27 - 1,58) vezes.

Foi provado crescimento estatisticamente significativo XIV classe (N20-N23) prevalência de doenças no distrito rural № 3 (179,9±0,17) casos, № 4 (205,15±0,14) casos, e № 5 (213,81±0,22) casos em comparação com o distrito de controlo (145,7±0,27) casos em 100 000 habitantes de camponeses. Para um período semelhante, a prevalência de aumento de doenças foi registada nestes distritos experimentais: até (1,23, 1,41 e 1,47) vezes (p <0,001) (tabela 3).

Table 3

Prevalência de doenças em camponeses adultos (casos em 100 000 habitantes) nos distritos experimentais e de controlo da região de Hulaipolskyi durante os anos 2008 - 2012

Forma nosológica	Assentamentos rurais em regime ambulatório						
	Distrito de controlo	Distritos experimentais					
		№ 1	№2	№3	№4	№ 5	№6
Classe LX	36757.75	35240.5	30707.57	30745.5	33037.0	37002.87	39375.45
(100-199)	±0.43	±0.13	±3.81	±2.48	±0.08	±0.02*	±0.21*
(110-115)	18149.8	17341.25	15986.22	15681.23	13957.9	18571.69	20980.25
	±0.34	±0.68	±0.51	±0.40	±0.16	±0.22*	±0.30*
(120-12 5)	7921.0	6949.45	7758.29	6953.72	10090.41	12535.89	7020.99
	±0.09	±0.15	±0.44	±0.25	±0.36*	±3.13*	±1.19
Classe XIV	145.7	91.61	137.75	179.9	205.15	213.81	187.3

(N20-N23)	±0.27	±0.25	±0.09	±0.17*	±0.14*	±0.22*	±0.15

Nota. * - a prevalência da doença nos distritos experimentais em relação aos distritos de controlo é superior a 95,5% ($p < 0,001$).

Por outro lado, a redução da prevalência da classe IX de doenças (I00-I99), (I10-I15), (I20-I25) e da classe XIV (N20-N23) foi efectuada no território de povoações como os distritos de Hulaipilskyi, Vozdvyzhivskyi e Komsomolskyi, exceto nos casos de prevalência de problemas renais e cálculos ureterais (N20-N23).

Capítulo 10

ESTIMATIVA SUBJECTIVA DA QUALIDADE DA ÁGUA POTÁVEL EM FUNÇÃO DA POPULAÇÃO CAMPONESA INQUÉRITO SOCIOLÓGICO

Para o estudo retrospetivo até 2011-2013, foi elaborado um questionário normalizado para entrevistar os camponeses das povoações (grupo experimental) e os habitantes de uma cidade industrial de Dnipropetrovsk (grupo de controlo) - 90 inquiridos de cada grupo. Em todos os questionários foram solicitadas informações sobre a qualidade da água potável canalizada que entra no edifício (apartamento). Após a recolha de questionários de 180 contingentes, os novos dados serão utilizados para investigação científica futura no domínio do abastecimento de água potável.

Palavras-chave: *Contingentes camponeses; qualidade da água potável canalizada; inquérito retrospetivo; abastecimento de água centralizado.*

O objetivo do trabalho é a recolha de informações pormenorizadas sobre a qualidade da água da torneira que entra no edifício (apartamento), utilizada pela população que vive nas zonas rurais e na cidade industrial de Dnipropetrovsk.

Entre os camponeses, 28,86±17,20 % utilizavam para beber água da torneira sem tratamento, enquanto entre os habitantes 1,50±0,37 %. Além disso, a água potável limpa, como esperado, os contingentes de camponeses de exposição: 16,38±10,29% preferem a fervura (assim como 6,07±4,71% da população urbana); 13,33±7,28% aplicam tratamento avançado de água potável para filtro doméstico (compare com 20,48±0,38% dos questionários da cidade); 33,87±16,7% das entrevistas são fechadas para 'filtro dentro de casa' (contra 20,56±0,31% dos contingentes da cidade); 17,62±9.40 % dos camponeses utilizam a água de uma casa de bombas ou de poços (bem como 4,42±4,03 % dos habitantes da cidade); 48,27±16,22 % dos camponeses entrevistados continuam a fornecer água potável embalada (em comparação com 11,02±5,68 % dos residentes do grupo de controlo); 21,01±10,99 % e 7,44±5,18 % de todos os questionários em ambos os grupos estimam a boa qualidade da água potável a partir dos pontos de um derrame. No entanto, os
Os valores correspondentes em ambos os grupos foram 25,62±4,66% e 10,21±2,88% entre os contingentes expostos ($p < 0,05$).

O problema da má qualidade da água da torneira foi avaliado por 17,27±6,06 % da população das colónias e 5,58±2,45 % dos habitantes da área de controlo ($p < 0,001$). Outra resposta foi recolhida em ambos os grupos de entrevistados 26,07±16,55 % (grupo experimental) contra 20,55±0,40% (grupo de controlo), que descreveram o problema da água potável canalizada como relevante. Em geral, 19,67±13,35 % dos camponeses, em comparação com 10,05±0,63 % dos habitantes da cidade industrial de Dnipropetrovsk, indicaram que o problema da água potável não é relevante; embora 21,43±10,55 % (contra 6,45±4,76 %) dos questionários, de acordo com os nossos dados, tenham indicado que esta questão é relevante. As entrevistas realizadas principalmente com contingentes de camponeses mostraram que 5,46±2,92% da população local e 14,27±6,96% dos residentes urbanos consideram a qualidade da água potável um problema higiénico importante.

Quanto à pergunta "Se está satisfeito com a qualidade da água potável canalizada?" 12,28±6,48 % dos camponeses contra 1,56±0,32 % da população urbana responderam "Sim"; 0,47±0,33 % dos inquiridos no grupo experimental e 19,74±13,44 % no grupo de controlo responderam "Não"; 22,26±12,82 % (camponeses) e 0,48±0,35

% (habitantes da cidade) não conseguiram determinar a resposta. Em geral, a percentagem de indecisos sobre esta questão foi de cerca de 11,67±6,29% dos inquiridos nas povoações locais, em comparação com 6,93±6,41% da população da cidade ($p < 0,001$).

Entre os questionários que foram submetidos: 12,46±1,53 % dos inquiridos num grupo experimental (contra 13,82±6,78 % no grupo de controlo) estimaram a qualidade da água da torneira como sendo de boa qualidade (qualidade constantemente satisfatória) - 9,59±8,01 % para 0,54±0,39 % de indivíduos em ambos os grupos. A qualidade condicional (periodicamente não é satisfatória para certos indicadores) nos grupos de acompanhamento foi realizada por 12,97±6,22 % dos camponeses locais (contra 18,05±9,05 % de entrevistados no grupo de controlo). A água potável de má qualidade (qualidade constantemente insatisfatória) foi abordada pelo entrevistador em 14,81±7,24% (povoações) contra 22,85±12,82% (cidade industrial). A maioria dos camponeses relacionou a má qualidade da água potável: 25,25±2,82 % com ferrugem, sedimentos; 19,57±3,46 % com rigidez; 15,55±9,53 % com cor ($p <0,05$); 13,59±7,24 % com cheiro; 12,32±6,30 % com sabor. Entre 2011 e 2013, recolhemos questionários auto-administrados de 90 participantes no estudo retrospetivo, localizados na cidade de Dnipropetrovsk. No inquérito sociológico, 24,31±2,53 % dos residentes mostraram que a primeira posição no ranking do campo de estudo é ocupada pelo mau gosto - 24,31±2,53 %; a segunda posição pertence à rigidez - 20,11±9,89 %; em terceiro lugar, os inquiridos indicaram o cheiro - 20,04±11,28 %. Estatisticamente significativa foi a cor da água potável, que foi dada por 18,94±9,71 % dos cidadãos da cidade, bem como a turvação 16,69±8,76 % e outros indicadores, como ferrugem, sedimentos - 2,61±0,43 % ($p < 0,05$). 22,21±2,76 % da população rural contra 19,33±1,96 % dos residentes urbanos foram preenchidos, que a qualidade da água potável ligada às seguintes doenças na sua família: pedras nos rins, cálculos biliares, doenças cardiovasculares, anemia, doenças alérgicas ($p < 0,001$) (Fig. 22).

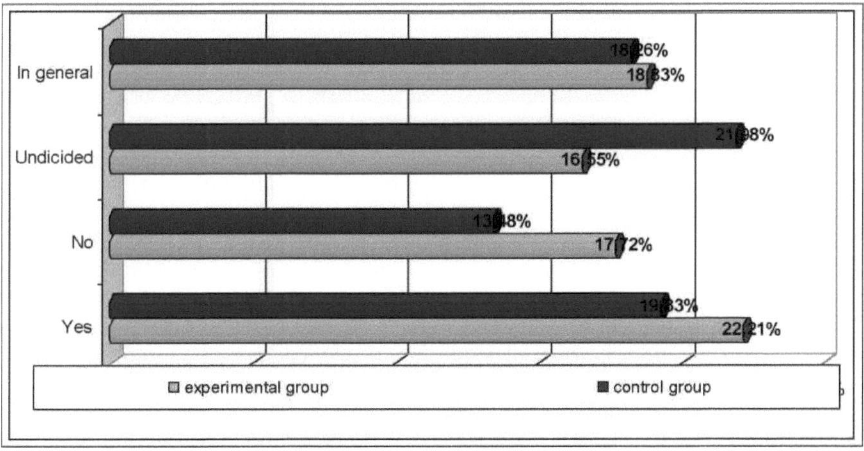

Figura 22. Resposta dos inquiridos à pergunta "Relaciona as doenças na sua família com a qualidade da água potável?"

A má qualidade da água potável foi relacionada com as seguintes razões: critérios organolépticos, bem como ferrugem e sedimentos (25,25±2,82) %, turvação (19,57±3,46) %. O maior efeito, 22,21±2,76 % dos camponeses, está relacionado com doenças existentes na sua família, tais como o aumento de casos de problemas renais e cálculos uretrais (N20-N23) nos distritos experimentais, tumores cancerígenos (C00-C97), doença hipertensiva (I10-I15), doença isquémica do coração (I20-I25), anemia, doenças alérgicas, etc. (p < 0,001).

Entrevistados de um grupo experimental (27,63±0,21) % descreveram métodos de tratamento de água como o interior do tubo no apartamento, equipado com um sistema centralizado de abastecimento de água nas casas e chalés. A população urbana tem as mesmas preferências (32,04±0,85) %. O filtro doméstico confirmou apenas 26,67±3,13% dos camponeses e 16,49±7,96% dos cidadãos da cidade. A minoria da população local dos aglomerados populacionais envolveu a canalização de água em casa - 3,98±0,45 %, assim como a maioria dos questionários se centrou em 55,80±2,75 % dos habitantes da cidade. A torneira com filtro foi utilizada para examinar apenas 1,20±0,65 % dos inquiridos no grupo experimental, mas a maior parte dos habitantes do grupo de controlo 42,23±0,71 % (p < 0,05). Os dados obtidos no estudo sociológico mostraram que 45,34±0,36% dos contingentes de camponeses selecionam um filtro em função da capacidade de filtragem e dos recursos deste filtro, contra 17,59±0,68% no grupo de controlo (p<0,05).

Os factores de previsão, que influenciam a escolha de um determinado filtro, foram: meios de comunicação social sobre a qualidade insatisfatória da água potável de (38,30±0,26) para (11,10±0,91) %; dados baseados na análise da água potável (38,21±0,58 - 7,92±0,48) % em ambos os grupos, respetivamente (p < 0,001). Uma das formas mais populares foi o conselho de amigos, parentes, empresas de publicidade e fabricantes na escolha de um filtro de esgoto: 32,07±0,38 % (grupo experimental) e 15,47±0,76 % (grupo de controlo) das entrevistas. A frequência de utilização do filtro para fins de purificação foi de 15,64±0,95 % nas povoações locais e de 49,46±0,44 % na cidade, sendo que, de tempos a tempos, 27,96±0,55 % dos camponeses contra 9,70±0,79 % dos habitantes da cidade (p < 0,05). O maior efeito foi encontrado em 45,56±0,49 % dos residentes rurais, que bebem água potável por osmose inversa (p < 0,05). A limpeza de resinas de permuta iónica no seu filtro abrangeu 24,95±0,21%; a irradiação ultravioleta - 11,67±0,67% e o filtro de cabina de carvão ativado prefere apenas 7,64±0,73% dos camponeses. Toda a distribuição dos métodos de purificação no grupo de controlo foi deslocada nas medidas indicadas: o primeiro lugar da classificação é ocupado por um filtro de carvão vegetal (47,75±0,72) %; o seguinte foi dedicado a outras fases de purificação (10,78±0,33) % (p < 0,05).

O efeito mais reduzido foi observado em 8,14±0,01 % dos habitantes da cidade (p <0,05). Até 49,25±0,31 % dos camponeses entrevistados admitiram estar "completamente satisfeitos" com a qualidade da água potável adicionalmente limpa, mas o menor efeito foi registado em 13,31±0,65 % dos habitantes de uma cidade industrial (p < 0,05); "provavelmente satisfeitos" 24.83±0,15 % contra 28,23±0,14 % dos inquiridos (p < 0,05); "provavelmente não satisfeitos" de (62,08±0,31 para 2,59±0,31) % da população em ambos os grupos; "não satisfeitos" 91,67±0,88 % dos camponeses contra 6,67±0,08 % dos cidadãos (p <0,001). Os contingentes que foram submetidos a este estudo não dão uma resposta clara a esta questão: até 38,34±0,23 % dos camponeses, em comparação com 3,33±0,89 % dos inquiridos no grupo de controlo.

Posteriormente, 17,72±8,87% após a coleta de questionários de fora da região e 13,48±6,62% dos contingentes da cidade não pretendem vincular o nível de doença em sua família com a qualidade da água potável. A análise estatística mostrou que 16,55±9,56% dos entrevistados nos assentamentos contra 21,98±11,35% na cidade industrial não puderam responder a esta pergunta (p < 0,05). Para o estudo de campo, a percentagem de entrevistados que responderam à pergunta de base foi, respetivamente,

18,83±1,72% de camponeses e 18,26±2,51% de habitantes da cidade (p < 0,001). No grupo de controlo, entre os inquiridos, apenas 1,93±0,97 % estavam indecisos em relação à pergunta do entrevistador.

Considera-se que a purificação adicional da água da torneira melhora a sua qualidade nas regiões rurais pouco poluídas, abrangendo 21,70±10,71 % dos entrevistados; 32,08±15,82 % dos camponeses consideraram a necessidade de medidas adicionais, para além da purificação; 35,42±2,34 % não puderam fazê-lo devido à falta de informação e 28,73±13,98 % necessitaram de outros métodos de autopurificação da água potável (p <0,05). Entrevistados no grupo de controlo, que responderam aos questionários - 21,43±10,56%, optaram pela purificação adicional da água potável; 23,85±12,04% da população da cidade utilizou outros métodos após a purificação adicional; 5,87±0,43% dos residentes de Dnipropetrovsk não foram A maioria dos camponeses (42,16±5,56) % utilizou métodos como a fervura e o tratamento da água potável com prata, bem como a população adulta da cidade de Dnipropetrovsk (24,85±12,56) % utilizou métodos como a fervura e o tratamento da água potável com prata. A maioria dos camponeses (42,16±5,56) % utilizou métodos como a fervura e o tratamento da água potável com prata, assim como a população adulta da cidade de Dnipropetrovsk (24,85±12,36) % melhorou as tecnologias de tratamento da água (Fig. 23).

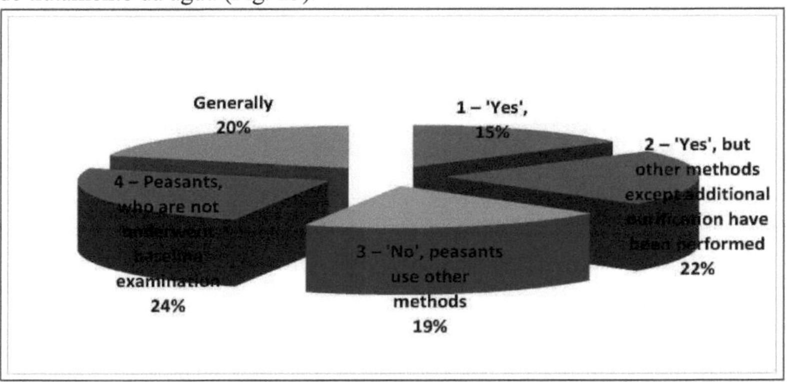

Figura 23. A população de camponeses, que foi submetida ao exame de base, foi conduzida à pergunta "Se a purificação adicional da água potável é o melhor método para melhorar a sua qualidade?"

O nosso estudo revela um elevado grau de consciencialização da população da cidade de Dnipropetrovsk, uma vez que 19,23±10,00 % utilizam filtros, contra 14,93±7,55 % de contingentes de camponeses, outros preferem o sistema coletivo - 17,93±9,51 % (grupo experimental) e 17,61±8,98 % (grupo de controlo) (p < 0,001). A frequência de utilização de filtros foi maior entre os habitantes da cidade industrial, a maioria dos quais prefere filtros da empresa "Brita" 86,26±5,28 % (p < 0,001).

Em segundo lugar estão os filtros produzidos por fabricantes checos 76,90±12,08 % (p < 0,05); em terceiro lugar estão os filtros da empresa "Barrier" 69,70±2,27 % (p < 0,001). Cerca de 54,97±0,66 % dos inquiridos rurais que lidam com filtros de várias empresas, enquanto 52,73±0,92 % dos inquiridos da cidade, tendo em consideração a purificação municipal de água potável, não utilizaram quaisquer filtros. Em geral, os inquiridos do grupo de controlo, que estava coberto pelo sistema municipal de abastecimento de água - 23,80±0,65%, não utilizavam quaisquer filtros. Entre a população das povoações locais da região de Dnipropetrovsk, os filtros da empresa "Barrier" ocupam o primeiro lugar, com

22,73% ± 2,03% dos camponeses (p < 0,001). Em segundo lugar, encontram-se os filtros dos fabricantes alemães ("Tefal", "Bosch", "Zepter"), como sugerido por 15,27±2,38% dos camponeses (p < 0,05). A minoria dos inquiridos está coberta por filtros da empresa "Aquaphor", de acordo com um inquérito - 13,90±0,89%. Entrevistados de um grupo experimental (27,63±0,21) % descreveram métodos de tratamento de água como o interior do tubo no apartamento, equipado com um sistema centralizado de abastecimento de água nas casas e chalés. A população urbana tem as mesmas preferências (32,04±0,85) %.

O filtro doméstico foi confirmado apenas em 26,67±3,13% dos camponeses e 16,49±7,96% dos cidadãos da cidade. A minoria da população local dos aglomerados populacionais envolveu a canalização de água em casa - 3,98±0,45 %, assim como a maioria dos questionários se centrou em 55,80±2,75 % dos habitantes da cidade. A torneira com filtro foi examinada apenas por 1,20±0,65 % dos inquiridos do grupo experimental, mas a maior parte dos habitantes do grupo de controlo foi de 42,23±0,71 % (p <0,05) (Fig. 24).

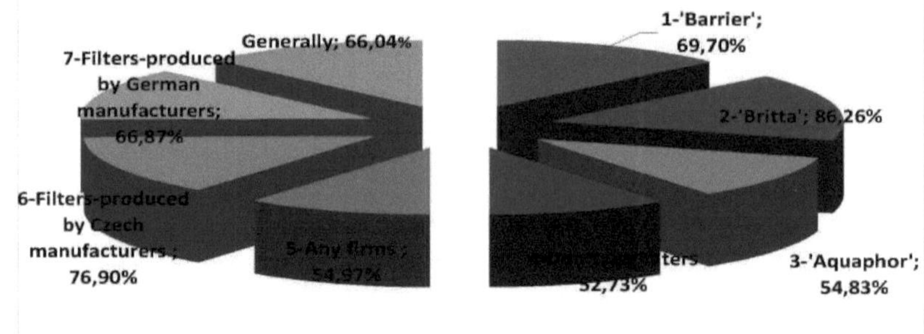

Figura 24. A população de camponeses, que foi submetida ao exame de base, respondeu à pergunta "Se prefere filtros para o tratamento da água?"

Os dados obtidos no estudo sociológico mostraram que 45,34±0,36 % dos contingentes de camponeses selecionam um filtro pela capacidade de filtração e pelos recursos desse filtro, contra 17,59±0,68 % dos inquiridos do grupo de controlo (p < 0,05). Os factores de previsão, que influenciam a escolha de um determinado filtro, foram: meios de comunicação social sobre a qualidade insatisfatória da água potável de (38,30±0,26) para (11,10±0,91) %; dados baseados na análise da água potável (38,21±0,58 - 7,92±0,48) % em ambos os grupos, respetivamente (p < 0,001). Uma das formas mais populares foi o conselho de amigos, parentes, empresas de publicidade e fabricantes na escolha de um filtro de esgoto: 32,07±0,38 % (grupo experimental) e 15,47±0,76 % (grupo de controlo) das entrevistas. Outras fontes, na escolha do filtro, orientaram 21,39±0,38% e 12,94±0,37% dos inquiridos. A frequência de utilização do filtro para fins de purificação foi de 15,64±0,95 % nas povoações locais e de 49,46±0,44 % na cidade de Dnipropetrovsk, sendo que, de tempos a tempos, 27,96±0,55 % dos camponeses contra 9,70±0,79 % dos habitantes da cidade (p < 0,05).

O maior efeito foi encontrado em 45,56±0,49 % dos residentes rurais, que bebem água potável através de osmose inversa (p <0,05). A limpeza das resinas de permuta iónica no seu filtro abrangeu 24,95±0,21%; a irradiação ultravioleta - 11,67±0,67% e o filtro de cabina de carvão ativado preferiu apenas 7,64±0,73% dos camponeses. Toda a distribuição dos métodos de purificação no grupo de controlo foi alterada de acordo com as medidas indicadas: o primeiro lugar na classificação é ocupado por um filtro de carvão vegetal (47,75±0,72) %; o seguinte foi dedicado a outras fases de purificação (10,78±0,33)

% (p < 0,05).

O efeito mais reduzido foi observado em 8,14±0,01 % dos habitantes da cidade (p <0,05). Até 49,25±0,31 % dos camponeses entrevistados admitiram estar "completamente satisfeitos" com a qualidade da água potável adicionalmente limpa, mas o menor efeito foi registado em 13,31±0,65 % dos habitantes de uma cidade industrial (p < 0,05); "provavelmente satisfeitos" 24.83±0,15 % contra 28,23±0,14 % dos inquiridos (p < 0,05); "provavelmente não satisfeitos" de (62,08±0,31 para 2,59±0,31) % da população em ambos os grupos; "não satisfeitos" 91,67±0,88 % dos camponeses em comparação com 6,67±0,08 % dos cidadãos de Dnipropetrovsk (p <0,001). Os contingentes que foram submetidos a este estudo não dão uma resposta clara a esta pergunta: até 38,34±0,23% dos camponeses, em comparação com 3,33±0,89% dos inquiridos no grupo de controlo.

A segunda parte do estudo foi efectuada para variáveis de limpeza dos elementos filtrantes, que foi apoiada pela menor parte da população rural (9,58±0,25%) e pela maior parte dos habitantes da cidade (27,26±0,53%).

Devido à fraca consciencialização dos camponeses da região de Dnipropetrovsk, 21,50±0,34 % (p<0,05) ou 30,73±0,53 % (grupo experimental) "não mudaram a tempo" ou "de vez em quando" os elementos filtrantes de purificação. A interpretação dos resultados do estudo entre os habitantes da cidade mostrou que apenas 6,76±0,33 % dos habitantes não mudavam significativamente os elementos filtrantes (p<0,05), ou substituíam por vezes os elementos filtrantes substituíveis cerca de 17,70±0,98 % dos entrevistados (grupo de controlo). Cada 23 camponeses, ou seja, 20,60±0,12 % foram submetidos ao exame de base e cada 19 habitantes da cidade, ou seja, 17,24±0,92 % (p<0,001). Foi estabelecido que a água potável re-purificada para fins de consumo utilizava 27,26±0,53 % dos camponeses, bem como 52,60±0,50 % dos habitantes da cidade (p<0,05).

A água potável para beber foi utilizada de forma estatisticamente significativa por 27,26±0,53 % dos camponeses inquiridos, bem como por 52,60±0,50 % dos inquiridos na cidade de Dnipropetrovsk (p<0,05). Para cozinhar e para outros fins, foram inquiridos 12,61±0,42% (grupo experimental) e 44,86±0,09% (grupo de controlo) (p<0,001). Em geral, a população adulta, que foi submetida ao exame de base nos anos 2011-2013, inclui 44,86±0,09 % de camponeses e 42,38±0,48 % de contingentes citadinos, entre os inquiridos que responderam a esta pergunta (p<0,001).

No decurso desta parte do estudo, os dados fornecidos foram associados a razões de acompanhamento: 83,43±0,85 % dos camponeses utilizaram uma pequena quantidade de água potável adicionalmente limpa; 70,93±0,38 % registaram a substituição frequente dos elementos de limpeza do filtro (p < 0,001). Além disso, 58 dos participantes do grupo de controlo, ou seja, 52,60±0,50 % estão completamente satisfeitos com o filtro de purificação de água (p < 0,05). Vinte e oito habitantes da cidade, ou seja, 25,47±0,54 % não estavam satisfeitos com a exploração do filtro no que diz respeito à substituição frequente dos elementos de limpeza (p < 0,05), ou à formação de um pequeno volume de água potável autolimpante, como consideram 13 questionários, ou seja, 12,10±0,05 % (p < 0,001).

A maioria dos camponeses - 56 adultos da coorte, ou seja, 50,07±0,85% - considera que os filtros purificadores de água não são confortáveis, ao contrário das respostas dos habitantes da cidade a esta pergunta: 10 inquiridos, ou seja, 8,67±0,02 %. Apenas 66 inquiridos, ou seja, 59,24±0,25 % (no grupo experimental), em comparação com 27 habitantes, ou seja, 24,71±0,97 % (no grupo de controlo), se concentraram nesta questão (p < 0,05).

Capítulo 11

QUALIDADE DA ÁGUA POTÁVEL NOS AGLOMERADOS RURAIS DA REGIÃO DE DNEPROPETROVSK, POR INQUÉRITO SOCIOLÓGICO À POPULAÇÃO DE CAMPONESES

Para o estudo retrospetivo até 2011-2013, foi elaborado um questionário normalizado para entrevistar os camponeses das povoações (grupo experimental) e os habitantes de uma cidade industrial de Dnipropetrovsk (grupo de controlo) - 90 inquiridos de cada grupo. Em todos os questionários foram solicitadas informações sobre a qualidade da água potável canalizada que entra no edifício (apartamento). Os dados obtidos no estudo revelaram uma baixa consciencialização entre os contingentes de camponeses: 26,07% dos inquiridos não consideram que a qualidade da água potável seja um problema de higiene; 22,26% ainda não decidiram se estão satisfeitos com a qualidade da água da torneira. Por conseguinte, 14,81% dos camponeses têm a certeza de que utilizam água potável de má qualidade; 25,25% dos questionários associam a má qualidade da água da torneira principalmente à ferrugem e aos sedimentos e 19,57% à turvação (p < 0,001). Após a recolha de questionários de 180 contingentes (90 do grupo experimental e 90 do grupo de controlo), os novos dados serão utilizados para futuras investigações científicas no domínio do abastecimento de água potável e das decisões de gestão, a fim de melhorar a qualidade da água potável canalizada nos contingentes de camponeses e introduzir métodos modernos de purificação nas povoações rurais, que não são abrangidas pelo abastecimento de água centralizado, principalmente, de 5,8% a 39% dos contingentes de camponeses da região.

Palavras-chave: *contingentes camponeses, qualidade da água potável canalizada, purificação adicional da água potável, inquérito retrospetivo, abastecimento de água centralizado.*

O objetivo do trabalho é a recolha de informações pormenorizadas sobre a qualidade da água da torneira que entra no edifício (apartamento), utilizada pela população que vive nas zonas rurais e na cidade industrial de Dnipropetrovsk.

Entre os camponeses, 28,86±17,20 % utilizavam para beber água da torneira sem tratamento, enquanto entre os habitantes 1,50±0,37 %. Além disso, a água potável limpa, como esperado, os contingentes de camponeses de exposição: 16,38±10,29% preferem a fervura (assim como 6,07±4,71% da população urbana); 13,33±7,28% aplicam tratamento avançado de água potável para filtro doméstico (compare com 20,48±0,38% dos questionários da cidade); 33,87±16,7% das entrevistas são fechadas para 'filtro dentro de casa' (contra 20,56±0,31% dos contingentes da cidade); 17,62±9.40 % dos camponeses utilizam a água de uma casa de bombas ou de poços (bem como 4,42±4,03 % dos habitantes da cidade); 48,27±16,22 % dos camponeses entrevistados continuam a fornecer água potável embalada (em comparação com 11,02±5,68 % dos residentes do grupo de controlo); 21,01±10,99 % e 7,44±5,18 % de todos os questionários em ambos os grupos estimam a boa qualidade da água potável a partir dos pontos de um derrame. No entanto, os valores correspondentes em ambos os grupos foram 25,62±4,66 % e 10,21±2,88 % entre os contingentes expostos (p < 0,05).

O problema da má qualidade da água da torneira foi avaliado por 17,27±6,06 % da população das colónias e 5,58±2,45 % dos habitantes da área de controlo (p < 0,001). Outra resposta foi recolhida em ambos os grupos de entrevistados 26,07±16,55 % (grupo experimental) contra 20,55±0,40% (grupo de controlo), que descreveram o problema da água potável canalizada como relevante. Em geral, 19,67±13,35 % dos camponeses, em comparação com 10,05±0,63 % dos habitantes da cidade industrial de Dnipropetrovsk, indicaram que o problema da água potável não é relevante; embora 21,43±10,55 % (contra 6,45±4,76 %) dos questionários, de acordo com os nossos dados, tenham indicado que esta questão é relevante. As entrevistas realizadas principalmente com contingentes de camponeses mostraram que 5,46±2,92% da população local e 14,27±6,96% dos residentes urbanos consideram a qualidade da água potável um problema higiénico importante.

Quanto à pergunta "Se está satisfeito com a qualidade da água potável canalizada?" 12,28±6,48 % dos camponeses contra 1,56±0,32 % da população urbana responderam "Sim"; 0,47±0,33 % dos inquiridos no grupo experimental e 19,74±13,44 % no grupo de controlo responderam "Não"; 22,26±12,82 % (camponeses) e 0,48±0,35 % (habitantes da cidade) não conseguiram determinar a resposta. Em geral, a percentagem de indecisos sobre esta questão foi de cerca de 11,67±6,29% dos inquiridos nas povoações locais, em comparação com 6,93±6,41% da população da cidade ($p < 0,001$).

Entre os questionários que foram submetidos: 12,46±1,53 % dos inquiridos num grupo experimental (contra 13,82±6,78 % no grupo de controlo) estimaram a qualidade da água da torneira como sendo de boa qualidade (qualidade constantemente satisfatória) - 9,59±8,01 % para 0,54±0,39 % de indivíduos em ambos os grupos. A qualidade condicional (periodicamente não é satisfatória para certos indicadores) nos grupos de acompanhamento foi realizada por 12,97±6,22 % dos camponeses locais (contra 18,05±9,05 % de entrevistados no grupo de controlo). A água potável de má qualidade (qualidade constantemente insatisfatória) foi abordada pelo entrevistador 14,81±7,24 % (povoações) contra 22,85±12,82 % (cidade industrial).

A maioria dos camponeses relacionou a má qualidade da água potável: 25,25±2,82 % com ferrugem, sedimentos; 19,57±3,46 % com rigidez; 15,55±9,53 % com cor ($p <0,05$); 13,59±7,24 % com cheiro; 12,32±6,30 % com sabor. Entre 2011 e 2013, recolhemos questionários auto-administrados de 90 participantes no estudo retrospetivo, localizados na cidade de Dnipropetrovsk. No inquérito sociológico, 24,31±2,53 % dos residentes mostraram que a primeira posição no ranking do campo de estudo é ocupada pelo mau gosto - 24,31±2,53 %; a segunda posição pertence à rigidez - 20,11±9,89 %; em terceiro lugar, os inquiridos indicaram o cheiro - 20,04±11,28 %. Estatisticamente significativa foi a cor da água potável, que foi dada por 18,94±9,71 % dos cidadãos da cidade, bem como a turvação 16,69±8,76 % e outros indicadores, como ferrugem, sedimentos - 2,61±0,43 % ($p < 0,05$). 22,21±2,76 % da população rural contra 19,33±1,96 % dos residentes urbanos foram preenchidos, que a qualidade da água potável está relacionada com as seguintes doenças na sua família: cálculos renais, cálculos biliares, doenças cardiovasculares, anemia, doenças alérgicas ($p < 0,001$).

Posteriormente, 17,72 ± 8,87% após a coleta de questionários de fora da região e 13,48 ± 6,62% dos contingentes da cidade não pretendem vincular o nível de doença em sua família com a qualidade da água potável. A análise estatística mostrou que 16,55±9,56% dos entrevistados nos assentamentos contra 21,98±11,35% na cidade industrial não puderam responder a esta pergunta ($p < 0,05$). Para o estudo de campo, a percentagem de entrevistados que responderam à pergunta de base foi, respetivamente, 18,83±1,72% de camponeses e 18,26±2,51% de habitantes da cidade ($p < 0,001$). No grupo de controlo, entre os inquiridos, apenas 1,93±0,97 % estavam indecisos em relação à pergunta do entrevistador. Considera-se que a purificação adicional da água da torneira melhora a sua qualidade nas regiões rurais pouco poluídas, abrangendo 21,70±10,71 % das entrevistas; 32,08±15,82 % dos camponeses consideraram a necessidade de medidas adicionais, para além da purificação; 35,42±2,34 % não puderam realizar devido à falta de informação e 28,73±13,98 % necessitaram de outros métodos de auto-purificação da água potável ($p < 0,05$). Entrevistando o grupo de controlo, que foi submetido aos questionários - 21,43±10,56 %, foi escolhida a purificação adicional da água potável; 23,85±12,04 % da população da cidade realizou outros métodos após a purificação adicional; 5,87±0,43 % dos residentes de Dnipropetrovsk não realizaram a purificação para ser o método ideal de melhoria da qualidade da água potável ($p < 0,05$).

A maior parte dos camponeses (42,16±5,56%) utilizava métodos como a fervura e o tratamento de água potável com prata, assim como a população adulta da cidade de Dnipropetrovsk (24,85±12,36%) melhorava as tecnologias de tratamento da água (Fig. 25).

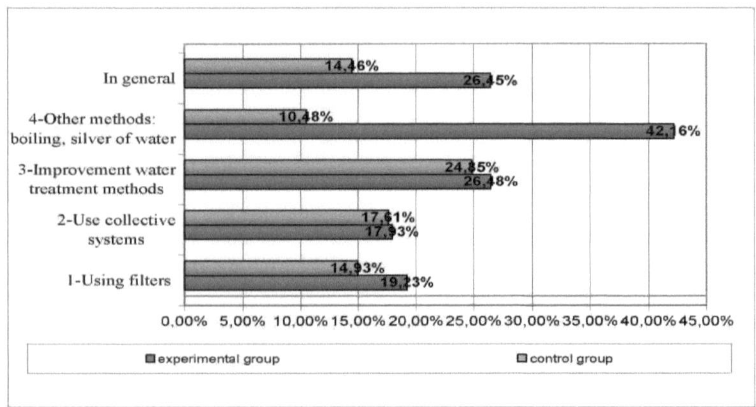

Figura 25 Questionário dos entrevistadores "Que medidas para melhorar a qualidade da água potável da torneira são mais preferíveis?"

O nosso estudo revela um elevado grau de consciencialização da população da cidade de Dnipropetrovsk, uma vez que 19,23±10,00 % utilizam filtros, contra 14,93±7,55 % de contingentes de camponeses, outros preferem o sistema coletivo - 17,93±9,51 % (grupo experimental) e 17,61±8,98 % (grupo de controlo) ($p < 0,001$). A frequência de utilização de filtros foi maior entre os habitantes da cidade industrial, a maioria dos quais prefere filtros da empresa "Brita" - 86,26±5,28 % ($p < 0,001$). Em segundo lugar estão os filtros produzidos pelos fabricantes checos 76,90±12,08 % ($p < 0,05$); em terceiro lugar estão os filtros da empresa "Barrier" 69,70±2,27 % ($p < 0,001$).

Cerca de 54,97±0,66% dos inquiridos rurais utilizaram filtros de várias empresas, enquanto 52,73±0,92% dos inquiridos da cidade, tendo em conta a purificação municipal da água potável, não utilizaram quaisquer filtros. Em geral, os inquiridos do grupo de controlo, que estava coberto pelo sistema municipal de abastecimento de água - 23,80±0,65%, não utilizavam quaisquer filtros. Entre a população das povoações locais da região de Dnipropetrovsk, os filtros da empresa "Barrier" ocupam o primeiro lugar, com 22,73% ± 2,03% dos camponeses ($p < 0,001$). Em segundo lugar estão os filtros dos fabricantes alemães ("Tefal", "Bosch", "Zepter"), como sugerido 15,27 ± 2,38% dos camponeses ($p < 0,05$); a minoria dos inquiridos está coberta por filtros da empresa "Aquaphor", de acordo com um inquérito - 13,90 ± 0,89%.

Entrevistados de um grupo experimental (27,63±0,21%) descreveram métodos de tratamento de água como o interior do tubo no apartamento, equipado com um sistema centralizado de abastecimento de água nas casas e chalés. A população urbana tem as mesmas preferências (32,04±0,85%). O filtro doméstico foi confirmado apenas por

26,67±3,13% dos camponeses e 16,49±7,96% dos cidadãos da cidade. A minoria da população local dos aglomerados populacionais envolveu a canalização de água em casa - 3,98±0,45 %, assim como a maioria dos questionários incidiu em 55,80±2,75 % dos habitantes da cidade. A torneira com filtro foi utilizada para examinar apenas 1,20±0,65 % dos inquiridos no grupo experimental, mas a maior parte dos habitantes do grupo de controlo 42,23±0,71 % ($p < 0,05$).

Os dados obtidos no estudo sociológico mostraram que 45,34±0,36% dos contingentes de camponeses selecionam um filtro pela capacidade de filtração e pelos recursos desse filtro, contra 17,59±0,68% dos inquiridos do grupo de controlo ($p < 0,05$). Os factores de previsão, que influenciam a escolha de um determinado filtro, foram: meios de comunicação social sobre a qualidade insatisfatória da água potável de (38,30±0,26 a 11,10±0,91) %; dados baseados na análise da água potável (38,21±0,58 - 7,92±0,48) % em ambos os grupos, respetivamente ($p < 0,001$). Uma das formas mais populares foi o conselho de amigos, parentes, empresas de publicidade e fabricantes na escolha de um filtro de esgoto: 32,07±0,38 % (grupo experimental) e 15,47±0,76 % (grupo de controlo) das entrevistas. Outras fontes, na escolha do filtro, orientaram 21,39±0,38% e 12,94±0,37% dos inquiridos. A frequência de utilização do filtro para fins de purificação foi de 15,64±0,95 % nas povoações locais e de 49,46±0,44 % na cidade de Dnipropetrovsk, sendo que, de tempos a tempos, 27,96±0,55 % dos camponeses contra 9,70±0,79 % dos habitantes da cidade ($p < 0,05$).

O maior efeito foi encontrado em 45,56±0,49 % dos residentes rurais, que bebem água potável através de osmose inversa ($p <0,05$). A limpeza de resinas de permuta iónica no seu filtro abrangeu 24,95±0,21%; a irradiação ultravioleta - 11,67±0,67% e o filtro de cabina de carvão ativado preferiu apenas 7,64±0,73% dos camponeses. Toda a distribuição dos métodos de purificação no grupo de controlo foi deslocada nas medidas indicadas: o primeiro lugar na classificação é ocupado por um filtro de carvão vegetal (47,75±0,72%); o seguinte foi dedicado a outras fases de purificação (10,78±0,33%) ($p <0,05$). O efeito mais pequeno foi observado em 8,14±0,01 % dos habitantes da cidade ($p < 0,05$).

Até 49,25±0,31 % dos camponeses entrevistados admitiram estar "completamente satisfeitos" com a qualidade da água potável adicionalmente limpa, mas o menor efeito foi obtido em 13,31±0,65 % dos habitantes de uma cidade industrial ($p < 0,05$); "provavelmente satisfeitos" 24.83±0,15 % contra 28,23±0,14 % dos inquiridos ($p < 0,05$); "provavelmente não satisfeitos" de (62,08±0,31 para 2,59±0,31) % da população em ambos os grupos; "não satisfeitos" 91,67±0,88 % dos camponeses em comparação com 6,67±0,08 % dos cidadãos de Dnipropetrovsk ($p <0,001$). Os contingentes que se submeteram a este estudo não dão uma resposta clara a esta pergunta: até 38,34±0,23% dos camponeses, em comparação com 3,33±0,89% dos inquiridos no grupo de controlo.

A segunda parte do estudo foi efectuada para variáveis de limpeza de elementos filtrantes, que foi apoiada pela menor parte da população rural (9,58±0,25 %) e pela maior parte dos habitantes da cidade (27,26±0,53 %). Após a recolha de questionários nas povoações locais, foi incluído o seguinte material na (figura 26).

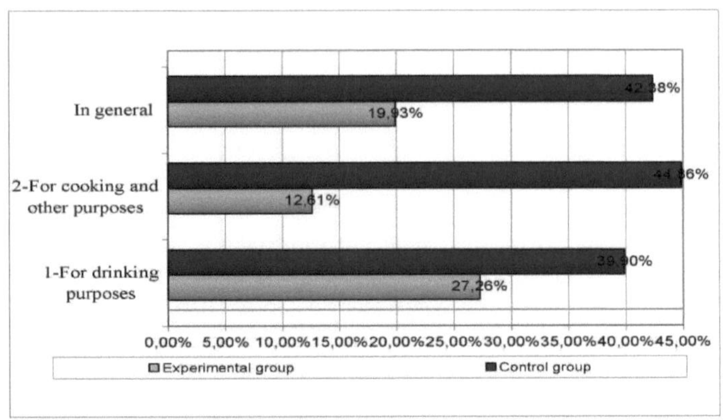

Figura 26 Inquiridos, que foram submetidos ao exame de base, à pergunta "Para que fins utiliza água potável limpa adicionalmente?"

Devido à fraca consciencialização dos camponeses da região de Dnipropetrovsk, 21,50±0,34 % (p<0,05) ou 30,73±0,53 % (grupo experimental) "não mudaram a tempo" ou "de vez em quando" os elementos filtrantes de purificação. A interpretação dos resultados do estudo entre os habitantes da cidade mostrou que apenas 6,76±0,33 % dos habitantes não mudavam significativamente os elementos filtrantes (p<0,05), ou substituíam por vezes os elementos filtrantes substituíveis cerca de 17,70±0,98 % dos entrevistados (grupo de controlo). Cada 23 camponeses, ou seja, 20,60±0,12 % foram submetidos ao exame de base e cada 19 habitantes da cidade, ou seja, 17,24±0,92 % (p<0,001). Foi estabelecido que a água potável repurificada para fins de consumo utilizava 27,26±0,53 % dos camponeses, bem como 52,60±0,50 % dos habitantes da cidade (p<0,05).

A água potável para beber foi utilizada de forma estatisticamente significativa por 27,26±0,53 % dos camponeses inquiridos, bem como por 52,60±0,50 % dos inquiridos na cidade de Dnipropetrovsk (p<0,05). Para cozinhar e para outros fins, foram inquiridos 12,61±0,42% (grupo experimental) e 44,86±0,09% (grupo de controlo) (p<0,001). Em geral, a população adulta, que foi submetida ao exame de base nos anos 2011-2013, inclui 44,86±0,09 % de camponeses e 42,38±0,48 % de contingentes citadinos, entre os inquiridos que responderam a esta questão (p<0,001).

No decurso desta parte do estudo, os dados fornecidos foram associados a razões de acompanhamento: 83,43±0,85 % dos camponeses utilizaram uma pequena quantidade de água potável adicionalmente limpa; 70,93±0,38 % registaram a substituição frequente dos elementos de limpeza do filtro (p < 0,001). Além disso, 58 dos participantes do grupo de controlo, ou seja, 52,60±0,50 % estão completamente satisfeitos com o filtro de purificação de água (p < 0,05). Vinte e oito habitantes da cidade, ou seja, 25,47±0,54 % não estavam satisfeitos com a exploração do filtro no que diz respeito à substituição frequente dos elementos de limpeza (p < 0,05), ou à formação de um pequeno volume de água potável autolimpante, como consideram 13 questionários, ou seja, 12,10±0,05 % (p < 0,001). A maioria dos camponeses - 56 adultos da coorte, ou seja, 50,07±0,85 % consideram que os filtros purificadores de água não são confortáveis, ao contrário das respostas dos habitantes da cidade a esta pergunta: 10 inquiridos, ou seja, 8,67±0,02 %. Apenas 66 inquiridos, ou seja, 59,24±0,25 % (no grupo experimental), em comparação com 27 habitantes, ou seja, 24,71±0,97 % (no grupo de controlo), se concentraram nesta questão (p < 0,05).

CONCLUSÕES

Para o levantamento retrospetivo até 2011-2013, foi elaborado um questionário padronizado para entrevistas, que foram constantemente localizadas nos assentamentos rurais ao longo de 10 anos, a faixa etária variou (de 33,33 ± 0,52 a 35,07 ± 0,54) anos. A composição profissional e de género no grupo experimental foi realizada por mulheres - pessoal de trabalho, enquanto o grupo de controlo foi representado por homens - baralhadores de papel. Os dados obtidos no estudo sociológico mostraram que a maioria da população camponesa avaliava o seu estado de saúde como "insatisfatório": 23,73±2,28%, a autoavaliação como "saúde satisfatória" foi encontrada em 20,02±1,62% dos inquiridos. O maior efeito foi encontrado em 23,47±1,73% dos inquiridos citadinos (grupo de controlo), que se auto-avaliaram como tendo "saúde insatisfatória", contra 22,91±2,29% dos inquiridos que se auto-avaliaram como tendo um estado de saúde "satisfatório".

No decurso desta parte do estudo, os dados fornecidos foram relacionados com um estilo de vida saudável, realizado entre os inquiridos de ambos os grupos, com base nas respostas positivas "sim" que testemunham as perguntas 29, 30 e 31 do questionário. De acordo com os dados do estudo de acompanhamento, a percentagem de respostas negativas "não", recolhidas junto dos inquiridos, tem tendência a aumentar, o que demonstra um agravamento do estado de saúde da população. Após a recolha de questionários de 150 inquiridos em ambos os grupos (n = 75), serão recebidos novos dados para melhorar o facto de a maioria dos inquiridos ter avaliado a sua saúde como "satisfatória" - a maioria das respostas variou (de 39,02±5,54 a 42,88±7,26) %.

Descobrimos que a estrutura da morbilidade entre crianças em diferentes distritos rurais difere em algumas classes de doenças. Além disso, no distrito 1, a maior proporção foi confirmada para as seguintes classes de doenças, bem como X (65,36%), XII (4,85%), XI (4,42%), I (3,23%) e classe IV (2,01%); no distrito 2: X (58,89 %), XII (6,09 %), XIII (5,01 %), I (4,61 %) e classe IV (5,21 %); no distrito 3: X (66,29 %), XII (5,07 %), XI (3,94 %), I (2,11 %) e classe IV (1,62 %); no distrito 4: X (56,27 %), XII (5,91 %), XI (5,02 %), I (5,93 %), IV classe (2,80 %); no distrito 5: X (64,63 %), XII (5,02 %), XI (4,02 %), I (4,02 %), III (2,14 %) e IV classe (2,29 %), no distrito 6: X (59,81 %), XII (5,31 %), XI (5,11 %), I (3,86 %), classe III (3,05 %), ou seja, anemia (3,02%). É de salientar que a distribuição das crianças rurais em distritos separados numa estrutura de doenças completas mostrou uma maior incidência no sistema respiratório, pele e tecido subcutâneo, digestivo, sistema músculo-esquelético, doenças infecciosas e parasitárias, sistema endócrino, sistema sanguíneo e hematopoiético, anemia - em todos os distritos rurais da região de Dnepropetrovsk.

A qualidade da água, estimada na albufeira de Karachunivskyi como fonte de abastecimento de águas superficiais, abrangendo a cidade de Kryvyi Rig, deve corresponder à "classe 4" (por indicadores médios anuais de azoto amoniacal, nitritos) de tempos a tempos; "classe 3" - por conteúdo de HM (Mo, Mg, Cd); "classe 2" (Ni, Zn, Fe, Cu); "classe 1" (por conteúdo de Pb, F, Cr, fenóis, substâncias sintéticas activas de superfície).

Concentrações elevadas em direção a objectos potencialmente perigosos, localizados na região de urbanização de Kryvorizskyi (minas, pedreiras, lixeiras, bacias de rejeitos, pilhas de resíduos), devem bombear águas subterrâneas ou transbordar lixeiras de esgotos, levadas a cabo para emergências bem espalhadas e catástrofes de grande escala provocadas pelo homem.

A maioria dos camponeses considerou a sua saúde como "insatisfatória": 23,73±2,28 %, tendo 20,02±1,62 % dos inquiridos considerado a sua saúde "satisfatória". O maior efeito foi detectado em 23,47±1,73% dos entrevistados citadinos, que consideraram a sua saúde "insatisfatória", contra 22,91±2,29% dos inquiridos, que consideraram a sua saúde "satisfatória".

Os dados obtidos no estudo mostraram uma baixa consciencialização entre os contingentes de camponeses: 26,07% dos inquiridos não consideram que a qualidade da água potável seja um problema de higiene; 22,26% não decidiram se estão satisfeitos com a qualidade da água da torneira. Por conseguinte, 14,81 % dos camponeses têm a certeza de que utilizam água potável de má qualidade; 25,25 % dos questionários associam a má qualidade da água da torneira à ferrugem e aos sedimentos e 19,57 % à turvação ($p < 0,001$).

Os camponeses que utilizam água potável até 10 anos preferem garrafas de plástico de 5 litros (23,80±2,02) %. A maioria dos inquiridos - 15,43±1,16% - utilizou purificadores de água potável. A minoria dos camponeses utiliza água engarrafada em garrafas de plástico de 0,33 litros (3,18±0,21) % ou num tanque de 19 litros (4,67±0,06) %.

As análises sociológicas efectuadas mostraram que os camponeses das povoações locais preferem utilizar purificadores de água potável. Frequência de utilização de água engarrafada variável: diariamente - 18,57±0,55 %, uma vez por semana - 14,87±0,92 %, 2-3 vezes por semana - 14,17±1,84 % ($p < 0,001$).

Na Ucrânia, a influência da composição mineral normal da água potável na saúde da população não foi realizada, apesar da sua deterioração em relação às normas de higiene em muitos distritos rurais. Investigações higiénicas sobre a influência da composição mineral da água potável, que é formada em regiões rurais, com diferentes combinações de sais minerais, forneceriam consequências reais da água potável para a saúde dos camponeses.

A influência da composição mineral da água potável (mineralização total, dureza total, ferro) e suas combinações na saúde da população urbana e rural foi realizada durante os anos 2009 - 2012.

A tendência significativa para aumentar a classe XI (K80-K87) de doenças (140,9141,5) %0 e a classe IX (110-115) (2680,5-2934,8) % foi revelada na maioria dos casos na população urbana (cidade de Polohy), em comparação com a população camponesa (distrito rural): (98,4-136,3) %0 e (2567-2682,8) %0 nos anos 2009-2012.

Foi observada uma diminuição dos casos de doenças da classe XIV (N20-N23) tanto na população da cidade de Polohy (38,2 - 16,3) %0, como nos camponeses do distrito rural (18,7 - 14,9) %0 durante o período de observação. A taxa de morbilidade para esta classe de doenças entre a população do distrito de Pology foi (2,04 - 1,09) vezes inferior, em comparação com os habitantes da cidade de Polohy nos anos 2009-2012.

Durante os anos 2009-2012 na água potável, tendo sido recolhida da cidade de Polohy, a mineralização total, a dureza total e os teores de ferro sobre-normais (1,5 - 12,5) MAC, levaram ao aumento da incidência XI classe de doenças, forma nosológica (K80-K87), XI classe (K20-K31), IX classe (I10-I15); redução de casos XIV classe (N20-N23) de doenças entre a população urbana e rural.

Foram determinadas correlações estatisticamente significativas entre a composição mineral da água potável, como a dureza total, a mineralização total, o ferro e os níveis de doenças de morbilidade XI classe (K80-K87), XI classe (K20-K31), IX classe (I10-I15) entre a população da cidade de Polohy e do distrito rural ($R = 0,32$, $p < 0,001$).

A concentração de ferro na água potável, retirada do distrito de Polohy, varia na medida (de 0,2 a 2,5) mg/dm^3 . Essa variabilidade de ferro no distrito rural de Polohy ajuda a determinar as zonas de aumento do seu conteúdo, abrangendo a maior parte do assentamento e a cidade de Polohy.

A água potável, utilizada para o abastecimento centralizado de água numa cidade industrial da região de Dnipropetrovsk, é incompatível com o SSRN 2.2.4-171-10. Está relacionado com as condições naturais da sua formação e com a poluição antropogénica das fontes de água. Durante os anos 2008-2012 foram estabelecidas concentrações acima do normal de tais componentes salinos na água potável do reservatório de Karachunyvskyi: dureza geral (1,55-1,29 MAC); resíduo seco (1,34-1,08 MAC); cloretos (1,39-1,04 MAC); sulfatos (2,23-1,84 MAC); iões Na+-K+ (1,18-1,11 MAC); Fe (1,71 MAC); Mn (1,42-1,54 MAC).

As tecnologias obsoletas de tratamento de água de baixa eficiência utilizadas no reservatório de Karachunyvskyi e as más condições sanitárias da rede de distribuição de água contribuem para a contaminação secundária da água potável, o que complica o problema do acesso a água de alta qualidade, de acordo com os requisitos SSRN 2.2.4171-10. A tecnologia de tratamento desactualizada não desempenhava a função de barreira adequada a muitos contaminantes do reservatório, o que corresponde às fontes de abastecimento de água de 3ª classe (qualidade moderada) e às redes de distribuição de água concebidas para uma purificação eficiente da água potável de 1ª classe (melhor qualidade).

Uma alternativa para melhorar o abastecimento de água potável de qualidade à população de uma cidade industrial é o abastecimento de água através da utilização de complexos de poços, pontos de derrame de água potável adicionalmente limpa e água potável embalada.

O problema prioritário das ciências ecológicas baseava-se na influência negativa dos factores ambientais na saúde das crianças e adolescentes. Foi estabelecida a tendência de doenças e a sua prevalência entre os grupos etários (0-14) e (15-17) anos de camponeses - habitantes do distrito experimental rural, situado numa região industrial da Ucrânia até 2008-2011 anos. Durante o período de controlo 2008-2011, foi determinado um nível elevado e estatisticamente significativo de doenças nos camponeses (0-14) anos do distrito experimental nas classes I, II, VI, VII, X da Classificação Internacional de Doenças - X. Ao mesmo tempo, foi revelada uma tendência para a diminuição significativa da incidência primária das classes III, IV, IX, XI, XII e da forma nosológica (K20-K31).

Foi provada uma redução estatisticamente significativa da morbilidade entre as crianças de todos os grupos etários no distrito rural para o período de 2008-2011 pelas seguintes classes de doenças com RG negativo: III (-6.4 %), IV (-22,1 %), V (11,9 %), VII (-11,5 %), IX (-7,0 %), XII (-34,2 %), XIII (-7,4 %), incluindo as formas nosológicas I10-I15 (-17,4 %), I20-I25 (-27,1%), K20-K31 (-34,6%). Registou-se uma diminuição não significativa da incidência na forma nosológica J95-J99 (2,2%) e na classe III de doenças (-4,4%). Para um período semelhante, o maior aumento da prevalência de doenças de acordo com a CID-X foi registado entre os adolescentes (15 - 17) anos nas seguintes classes I (1,0 - 1,03) vezes, IV (1,01 - 1,08) vezes, incluindo as formas nosológicas E10-E14 (1,02 - 1,09) vezes, VI classe (1,1 - 1,2) vezes, IX (1,05 vezes), X (1,04 - 1,06) vezes, XIX (1,05 - 1,09) vezes.

Entre os camponeses de (15-17) anos foram revelados RG negativos em classes de doenças como: III (-6,3 %), formas nosológicas C00-C97 (-10,6 %), J95-J99 (-15,0 %), K20-K31 (-10,5 %), VII (-41,3 %), XII (-31,4 %) e XVII (-14,6 %).

Por um lado, a tendência desfavorável para aumentar a percentagem de crianças frequentemente doentes (de 53,3 para 58,8) % e, por outro lado, reduzir a percentagem de camponeses absolutamente saudáveis - I grupo de saúde (50,8 - 42,1)%, prevalência para aumentar II (33,6 - 39.6) % e III grupos de saúde (15,6 - 18,3) % durante 20082011 anos são provavelmente causados pela baixa resistência do corpo da criança a infecções virais respiratórias agudas, e devido ao aumento da percentagem de camponeses com doenças crónicas na fase de compensação.

Os resultados da nossa investigação revelaram uma relação causal entre a composição mineral acima do normal da água potável na região de Hulaipolskyi e o crescimento estatisticamente significativo de tais classes de doenças: IX classe (I00-I99), (I10-I15), (I20-I25), XIV classe (N20-N23). A base de dados das nossas investigações provou que a composição mineral da água potável e a sua influência sobre os habitantes da região de Hulaipolskyi depende do grau de mineralização, da combinação de sais e do estado de saúde dos camponeses.

Nas povoações da região de Hulaipolskyi, onde a população camponesa utilizava água potável com valores acima do normal de mineralização total, os casos de problemas renais e cálculos ureterais (N20-N23) excedem o nível médio anual de doenças durante os anos 2008-2012. Assim, a incidência da classe XIV (N20-N23) de doenças entre os habitantes das povoações locais excede o nível médio anual de doenças: nas povoações de Myrnyi e Komsomolskyi - até 2,58 vezes, ou (179,90±0,32) casos em 100 000 habitantes de camponeses e até 1,26 vezes, ou (87,66±0,28) casos de doenças no distrito experimental de Vozdvyzhivskyi.

Foi estabelecido que a mineralização total da água potável nas povoações de Myrnyi (1970,87 mg/dm^3) e Komsomolskyi (1731,9 mg/dm^3) excede o nível médio de mineralização na região de Hulaipolskyi, exceto nas povoações de Dolynka, Uspenivka, Novomykolaivka, cuja população utilizou principalmente água engarrafada da cidade de Hulaipolskyi. A tendência para diminuir a classe IX de doenças (I00-I99), (I10-I15), (I20-I25) e a classe XIV (N20-N23) foi registada nos distritos de Hulaipilskyi e Novozlatopilskyi, onde a composição mineral da água potável está em conformidade com o SSRN 2.2.4-171-10.

Foi determinado um nível significativamente mais baixo de morbilidade entre a população de camponeses no distrito experimental de Hulaipolskyi: IX classe (I00-I99) de doenças (2626,17±1,55) casos em 100 000 camponeses; IX classe (I10-I15) de doenças (1250,16±0,01) casos; IX classe (I20-I25) de doenças (428,44±0,21) casos; XIV classe (N20-N23) de doenças (38,60±0,08) casos. Nos camponeses do distrito de Novoslatopolskyi, a incidência de problemas renais e de cálculos ureterais foi significativamente inferior (45,60±0,27) casos em relação ao nível médio anual no distrito de controlo (69,60±2,83) casos em 100 000 camponeses, até 1,53 vezes ($p < 0{,}001$).

A incidência por 100 000 habitantes de camponeses excedeu o nível médio anual no distrito de controlo em classes de doenças como IX (I00-I99), (I10- I15), (I20-I25), XIV (N20-N23) nas povoações dos distritos de Vozdvizhenskyi e Komsomolskyi. Desde 2008 - 2012, foi revelado um crescimento estatisticamente significativo da prevalência de doenças nas povoações rurais ambulatórias de Novoslatopolskyi, Uspenskyi e Malinovskyi, em todas as classes de doenças: IX (I00-I99), (I10-I15), (I20-I25), XIV (N20-N23) ($p < 0{,}001$).

A tendência desfavorável para o aumento dos valores médios da dureza total, mineralização total, cloretos e sulfatos na água potável para o período 20082012 anos, retirados da estação de purificação Hulaipolskyi, causou tendências negativas para o crescimento IX classe de doenças. Foram determinadas correlações estatisticamente significativas e uma força média entre alguns componentes da composição mineral da água potável, como a dureza total, a mineralização total, os cloretos e os sulfatos e a prevalência de formas nosológicas separadas de doenças (I00-I99), (I10-I15), (I20-I25) ($R = 0{,}30$; $p < 0{,}001$).

Os inquéritos de acompanhamento seguiram o estudo transversal de base entre os entrevistados nas colónias (grupo experimental) e os habitantes de uma cidade industrial de Dnipropetrovsk (grupo de controlo) durante os anos 2011-2013. No total, o problema da água potável de boa qualidade não era prioritário para 26,07±16,55% dos inquiridos, devido à fraca sensibilização dos camponeses. 22,26±12,82 % dos camponeses não sabiam se estavam satisfeitos com a qualidade da água da torneira, mas 14,81±7,24 % caracterizaram a água potável como sendo de má qualidade. A má qualidade da água potável foi associada a razões de acompanhamento: critérios organolépticos, bem como ferrugem e sedimentos (25,25±2,82) %, turvação (19,57±3,46) %. O maior efeito, 22,21±2,76 % dos camponeses, está relacionado com doenças existentes na sua família, tais como o aumento de casos de problemas renais e cálculos uretrais (N20-N23) nos distritos experimentais, tumores cancerígenos (C00-C97), doença hipertensiva (I10-I15), doença isquémica do coração (I20-I25), anemia, doenças alérgicas, etc. ($p < 0,001$).

A maioria da população de camponeses nos distritos experimentais está coberta com abastecimento de água centralizado e predominantemente presença de água descentralizada e engarrafada. As entrevistas recolhidas junto dos inquiridos revelaram que a purificação adicional é a melhor forma possível de melhorar a qualidade da água potável. De acordo com os dados do estudo de acompanhamento, 42,16±5,56 % dos camponeses utilizaram a fervura e o método de purificação; 23,80±0,65 % dos inquiridos nas povoações locais nunca utilizaram filtros purificadores de água; 27,96±0,55 % dos camponeses utilizaram o filtro de vez em quando; 91,67±0,88 % dos residentes rurais não estão satisfeitos com a utilização do filtro; 32,08±15,82 % concentraram-se nos métodos de purificação adicionais, exceto a filtração ($p <0,001$). Após a recolha de questionários junto de 180 inquiridos (n=90) em ambos os grupos, serão recebidos novos dados para melhorar a qualidade da água potável canalizada nas povoações locais, conforme considerado por (5,8 a 39) % dos camponeses, e aumentar a sensibilização da população rural.

Devido à fraca consciencialização dos camponeses da região de Dnipropetrovsk, 21,50±0,34 % ($p<0,05$) ou 30,73±0,53 % (grupo experimental) "não mudaram a tempo" ou "de vez em quando" os elementos filtrantes de purificação. A interpretação dos resultados do estudo entre os habitantes da cidade mostrou que apenas 6,76±0,33 % dos habitantes não mudavam significativamente os elementos filtrantes ($p<0,05$), ou substituíam por vezes os elementos filtrantes substituíveis cerca de 17,70±0,98 % dos entrevistados (grupo de controlo). Cada 23 camponeses, ou seja, 20,60±0,12 % foram submetidos ao exame de base e cada 19 habitantes da cidade, ou seja, 17,24±0,92 % ($p<0,001$). Foi estabelecido que a água potável re-purificada para fins de consumo utilizava 27,26±0,53 % dos camponeses, bem como 52,60±0,50 % dos habitantes da cidade ($p<0,05$).

A água potável para beber foi utilizada de forma estatisticamente significativa por 27,26±0,53 % dos camponeses inquiridos, bem como por 52,60±0,50 % dos inquiridos na cidade de Dnipropetrovsk ($p<0,05$). Para cozinhar e para outros fins, foram inquiridos 12,61±0,42 % (grupo experimental) e 44,86±0,09 % (grupo de controlo) ($p<0,001$). Em geral, a população adulta, que foi submetida ao exame de base nos anos 2011-2013, inclui 44,86±0,09 % de camponeses e 42,38±0,48 % de contingentes da cidade, entre os inquiridos que responderam a esta pergunta ($p<0,001$).

Os inquéritos de acompanhamento seguiram o estudo transversal de base entre os entrevistados nas colónias (grupo experimental) e os habitantes de uma cidade industrial de Dnipropetrovsk (grupo de controlo) durante os anos 2011-2013. No total, o problema da água potável de boa qualidade não era prioritário para 26,07±16,55% dos inquiridos, devido à fraca sensibilização dos camponeses. 22,26±12,82 % dos camponeses não sabiam se estavam satisfeitos com a qualidade da água da torneira, mas 14,81±7,24 % caracterizaram a água potável como sendo de má qualidade. A má qualidade da água potável estava relacionada com as seguintes razões: critérios organolépticos, bem como ferrugem e sedimentos (25,25±2,82%), turvação (19,57±3,46%). O maior efeito, 22,21±2,76 % dos camponeses, está relacionado com doenças existentes na sua família, tais como o aumento de casos de problemas renais e cálculos uretrais (N20-N23) nos distritos experimentais, tumores cancerígenos (C00-C97), doença hipertensiva (I10-I15), doença isquémica do coração (I20-I25), anemia, doenças alérgicas, etc. ($p < 0,001$).

A maioria da população de camponeses nos distritos experimentais (Pavlohradskyi, Tsarichanskyi, Petrikovskyi, Petropavlovskyi) está coberta por abastecimento de água centralizado e há uma presença predominante de água descentralizada e engarrafada. As entrevistas realizadas com os inquiridos revelaram que a purificação adicional é a melhor forma possível de melhorar a qualidade da água potável. De acordo com os dados do estudo de acompanhamento, 42,16±5,56 % dos camponeses utilizaram a fervura e o método de purificação; 23,80±0,65 % dos inquiridos nas povoações locais nunca utilizaram filtros purificadores de água; 27,96±0,55 % dos camponeses utilizaram o filtro de vez em quando; 91,67±0,88 % dos residentes rurais não estão satisfeitos com a utilização do filtro; 32,08±15,82 % concentraram-se nos métodos de purificação adicionais, exceto a filtração ($p < 0,001$). Após a recolha de questionários junto de 180 inquiridos (n=90 em ambos os grupos), serão recebidos novos dados para melhorar a qualidade da água potável canalizada nas povoações locais, conforme considerado por (5,8 a 39) % dos camponeses, e aumentar a sensibilização da população rural.

O estudo de campo realizado entre 2011 e 2013 servirá de base para o segundo estudo de acompanhamento sobre a relação causa-efeito entre a má qualidade da água potável e a saúde dos camponeses, realizado com base em riscos não cancerígenos e cancerígenos nas povoações locais, que não são abrangidas pelo abastecimento centralizado de água, principalmente entre 5,8% e 39% dos camponeses da região de Dnipropetrovsk.

LITERATURA:

Vigilância de surtos de doenças transmitidas pela água - Estados Unidos, 1999-2000 / Lee SH, Levy DA, Craun GF, Beach MJ, Calderon RL // MMWR Surveill Summ. -2002.-# 51(8). - P. 1-47.
Seroprevalência epidémica e endémica de anticorpos contra Cryptosporidium e Giardia em residentes de três comunidades com diferentes abastecimentos de água potável / Isaac-Renton J, Blatherwick J, Bowie WR [et all.] / Am J Trop Med Hyg. - 1999. - # 60(4). - P. 578-83.
Factores associados à conformidade entre os utilizadores de desinfeção solar da água na Bolívia rural / Christen A, Duran Pacheco G, Hattendorf J. [et all] // BMC Public Health. - 2011.-#4. - P. 211-220.
Estudo da qualidade microbiana da água potável nas zonas rurais de Kashan-Irão no segundo semestre de 2008 / Miranzadeh MB, Heidari M, Mesdaghinia AR, Younesian M. // Pak J Biol Sci. - 2011. - # 14(1). - P. 59-63.
Sources, pathways, and relative risks of contaminants in surface water and groundwater: a perspective prepared for the Walkerton inquiry / Ritter L, Solomon K, Sibley P. [et all] // J Toxicol Environ Health. - 2002. -#65(1). - P. 1-142.
Identificação e relações epidemiológicas de isolados de Aeromonas de pacientes com diarreia, água potável e alimentos / Pablos M, Huys G, Cnockaert M. [et all] // Int J Food Microbiol. -2011. -#147(3). - P. 203210.
Pershehuba Ya.V. (2012) Lugar do estilo de vida saudável na ciência sanitária. Higiene das povoações, 60, 346-350.
Prokopov V.A., Shushkowska S.V. (2013) Efeito da água potável com cloro na morbilidade do cancro do cólon. Ambiente e Saúde, 4, 46-51.
Mykytenko D.A., Tymchenko O.I., Lynchak O.V. (2013) Perda reprodutiva geneticamente determinada: aspeto económico. Higiene das povoações, 60, 342-346.
Lynchak O.V., Tymchenko O.I. Gene pool and health: focus of genetic and demographic processes in the conditions of depopulation. Monografia. Kyiv, 2011, 265 p.
Serdiuk A.M., Tymchenko O.I., Elahin V.V. (2010) Saúde da população na Ucrânia: impacto dos processos genéticos. Jornal da Academia de Ciências Médicas da Ucrânia, 13 (1), 78-92.
12.Tymchenko O.I., Kartashova S.S., S. C., Lynchak O.V. (2005) A componente genética como fator de saúde pública na formação da Ucrânia. Ecologia Ambiental e Segurança da Vida, 1, 3-8.
13.Lekhan V., Rudiy V., Richardson E. (2010) Ukraine: Health system review. Sistemas de Saúde em Transição, 12 (8), 183 p.
14. Buriak, L.I., Belitskaya, E.N., Shchudro, S.A., Hryhorenko, L.V. Alimentary obesity as hygienic problem. Monografia. Dnipropetrovsk, 2012, 273 p.
Hryhorenko, L.V. (2014, fevereiro). Qualidade da água potável no reservatório de Karachunyvskyi. Revista Austríaca de Ciências Técnicas e Naturais, 1, 40-45.
. Hryhorenko, L.V. (2013, novembro). Avaliação ecológica e higiénica da qualidade da água potável no distrito de Kryvorozskyi. Resumo de materiais revistos por pares (monografia colectiva) publicado na sequência dos resultados da LXIX Conferência Internacional de Investigação e Prática e da III etapa do

Campeonato em Ciências Médicas e Farmacêuticas. Londres, 2013: 50-53.
Hryhorenko, L.V. (2014, 28-30 de maio). Estimativa subjectiva da qualidade da água potável de acordo com o inquérito sociológico à população camponesa. IWA 6TH Conferência de Jovens Profissionais da Água da Europa de Leste "East meets West". Turquia: Istambul, 2014.
Prokopov, V.A., Zorina, A. V., Sobol, V. A. (2008) Modern condition of drinking water supply and quality in Ukraine. Water and treatment technologies, 3 (27), 14-17 (em Kiev).
Qualidade da água abastecimento de água centralizado na Ucrânia com base em indicadores microbiológicos sanitários e morbidade infecciosa associada / Korchak H. I., Surmacheva O.V., Nekrasova L.S. [et al.] // Ambiente e Saúde. - №4. - 2012. - P. 39-41.
Avaliação higiénica da qualidade da água nas nascentes de Lviv / Lototska O. V., Dudyk U. B., Krupka N. O. [et al.] // Ambiente e Saúde. - № 2. - 2013. - P. 60-62.
Hulenko S. V. Avaliação higiénica risco carcinogénico para a saúde causa do consumo da água potável clorada / S. V. Hulenko, V. O. Prokopov // Ambiente e Saúde. - № 2 (65). - 2013. - P. 50-54.
Prokopov V. O. Influência da composição mineral da água potável na saúde / V. O. Prokopov, O. B. Lypovetska // Hygiene of settlements. - Volume 59. - 2012. - P. 63-74.
Regras e normas sanitárias "Proteção das águas superficiais contra substâncias poluídas" № 4630-88.
. Fontes de abastecimento centralizado de água potável. Requisitos higiénicos e ecológicos para a qualidade da água e regras de seleção: ISO 4808:2007. - [Encomenda de 2012.01.01]. - Kyiv, 2012. - 27 p.
Estratégia Comum de Implementação da Diretiva-Quadro da Água (2000/60/CE) (2005) Identificação e designação de massas de água fortemente modificadas e artificiais. Guia, WG 2.2-HMWB.
Hryhorenko L.V. (2014) Qualidade da água potável no reservatório de Karachunyvskyi. Revista Austríaca de Ciências Técnicas e Naturais, 1: 40-45.
Hryhorenko L.V. (2014) Estimativa subjectiva da qualidade da água potável de acordo com o inquérito sociológico à população camponesa. Actas IWA 6TH Conferência de Jovens Profissionais da Água da Europa Oriental "East meets West", Istambul: 448-456.
Prokopov, V.A., Zorina, A. V., Sobol, V. A. (2008) Modern condition of drinking water supply and quality in Ukraine. Tecnologias de água e tratamento. Kyiv, 3 (27): 14-17.
. Talanov E.A., Aktymbayeva A.S. (2001) Modelação da alteração da mineralização da água e do estado ecológico do lago Alakol. Materiais do simpósio internacional "Estratégia e métodos de avaliação de um risco ambiental de territórios áridos e montanhosos", Alma-Ata: 109-117.
Pauline M Rudd, Mark Hilliard, Weston Struwe, Giorgio Carta, John O'Rourke, Henning Stockman, Jonathan Bones / From Genome to Glycome // J Chromatogr B Analyt Technol Biomed Life Sci. 2010 1;878:403-8.
M Butler A Critchley HF Hebestreit RA Dwek J Jaeken PM Rudd et al 2003 Glycobiology 13 601-622.
Dziak, N. V., Shevchenko, A. A., Hryhorenko, L. V. Influência das águas

residuais domésticas pluviais nos microrganismos de solos antropogénicos perturbados na carreira da fábrica de mineração e processamento do sul. Vestnik de higiene e epidemiologia, Donetsk, 2011; 15 (1): 22-26.
Hryhorenko, L.V., Shevchenko, A. A., Dziak, N. V. Conteúdo de elementos geoquímicos na água potável, retirada de fontes de água subterrâneas e consequências para a saúde dos utilizadores de água. Doenças de etiologia aquática como problema higiénico. Hygiene of settlements, Kyiv, 2012; 59: 74-81.
Hryhorenko, L.V., Dziak, N. V., Shevchenko, A. A. Ecological-hygienic assessment disposal sludge municipal wastewater in the technogenic landscapes of iron ore, Hygiene of settlements, Kyiv, 2012; 60: 137-143.
Hryhorenko, L. V. Analyses of the cases outbreaks associated with drinking water in the different countries of the world, Ukrainian Scientific Medical Youth Journal, Kyiv, 2013; 1: 100-103.
Shevchenko, A., Hryhorenko, L. Hygienic assessment of non - carcinogenic risk caused by using potable water, SES. Medicina preventiva, Kyiv, 2012; 6 (4): 46-50.
Hryhorenko, L. V. Avaliação ecológica e higiénica do impacto da água potável proveniente de fontes de abastecimento de água centralizadas e descentralizadas e da água potável limpa com garrafa na saúde da população rural da região de Dnipropetrovsk. Conferência de investigação-prática com participação internacional "Contribuição de jovens cientistas para o desenvolvimento da ciência e prática médicas: novas perspectivas", Kharkov, 2013: 77-79.
Shevchenko A. Avaliação higiénica do risco não carcinogénico causado pela utilização de água potável / Shevchenko A., Hryhorenko L. // SES. Medicina preventiva. - №6. - 2012. - P. 46-50.
Hryhorenko L. V. Avaliação ecológico-higiénica do impacto da água potável proveniente de fontes de abastecimento de água centralizadas e descentralizadas e da água potável limpa com garrafa na saúde da população rural da região de Dnipropetrovsk / Hryhorenko L. V. // Conferência de investigação-prática com participação internacional ["Contribuição de jovens cientistas para o desenvolvimento da ciência e prática médica: novas perspectivas"], (16 de maio de 2013). - Kharkov, 2013. - P. 77-79.
Hryhorenko L. V. Objetos de bioindicação do meio ambiente nas comunidades rurais afetadas por empresas de mineração em Krivoy Rog / Hryhorenko L. V. // X Conferência regional ["Sistemas artificiais e risco ambiental"], (11-12 de abril de 2013). - Obninsk, 2013. - P. 56-58.
. Normas e Regras Sanitárias do Estado "Requisitos higiénicos para a água potável, destinada ao consumo humano" (SSRN 2.2.4-171-10).
2.Influência das águas residuais domésticas pluviais nos microrganismos de solos antropogénicos perturbados na carreira da fábrica de mineração e processamento do sul / Dziak N. V., Shevchenko A. A., Hryhorenko L. V. [et al.] // Vestnik de higiene e epidemiologia. - Volume 15, N 1 - Donetsk, 2011. - P. 22-26.
Peculiaridades da poluição tecnogénica do solo por cádmio e chumbo nas paisagens antropogénicas / A.A. Shevchenko, Derkachev E.A, L.V. Hryhorenko, Dziak N. V. // Journal of environment and health 'Dovkilia i zdorovia'. - N. 4, 2011. - P. 19-23.
. Conteúdo de elementos geoquímicos na água potável, retirada de fontes de água

subterrânea e consequências para a saúde dos utilizadores de água. Doenças de etiologia aquática como problema de higiene / Hryhorenko L. V., Shevchenko A. A., Dziak N. V. // Hygiene of settlements. - Edição 59. - Kyiv, 2012. - P. 74-81.
. Avaliação ecológico-higiénica da eliminação de lamas de águas residuais municipais nas paisagens tecnogénicas de minério de ferro / Hryhorenko L. V., Dziak N. V. Shevchenko A. A. // Higiene das povoações. - Edição 60. - Kyiv, 2012. - P. 137-143.
Hryhorenko L. V. Análise dos casos de surtos associados à água potável em diferentes países do mundo / Hryhorenko L. V. // Ukrainian Scientific Medical Youth Journal. - N 1 - Kiev, 2013. - P. 100-103.
Hryhorenko L. V. Análise dos casos de surtos associados à água potável em diferentes países do mundo / Hryhorenko L. V. // Ukrainian Scientific Medical Youth Journal. - N 1 - Kiev, 2013. - P. 100-103.
Hryhorenko L.V. Dinâmica dos indicadores de saúde das crianças - habitantes dos distritos rurais da região de Dnipropetrovsk / Hryhorenko L.V., Shevchenko A.A., Dziak N.V. // Hygiene of settlements. - Volume 57. - Kyiv, 2011. - P. 358-366.
Rakhmanin, Y.A., Kirianova, L. F., Mikhailova, R.I. (2006) Problemas actuais de fornecimento de água potável de qualidade à população e respectivas soluções. Vestnik RAMN, 4, 9-17.
Hryhorenko, L.V., Shevchenko, O.A., Shtepa, A.P. (2012) Avaliação higiénica do risco não cancerígeno para a saúde dos camponeses associado à utilização de água potável proveniente de fontes de abastecimento de água centralizadas e descentralizadas. XV Congresso de Higienistas na Ucrânia, 280-282.
Hryhorenko, L.V., Shevchenko, O.A., Dziak, N.V. (2011) Avaliação higiénica do estado de saúde da população rural na região de Dnipropetrovsk. Conferência científica-prática ucraniana: Ecologia de cidades e áreas recreativas, 280-283.
Hryhorenko, L.V., Shevchenko, O.A., Dziak, N.V. (2011) Children's health in the settlements of Dnipropetrovsk region. Hygiene of settlements, 57, 358-366.
Hryhorenko, L.V. A saúde das crianças nas povoações da região de Zaporozhskyi. (2013) Trabalhos científicos dos funcionários do NMAPE, 165-170.
Hryhorenko, L.V., Shevchenko, O.A., Dziak, N.V. (2012) Riscos não cancerígenos e crónicos da ingestão de organismos camponeses por produtos químicos numa região industrial. X Conferência internacional científico-prática: Água. Problemas e soluções, 39-50.
Prokopov, V.A., Zorina, A. V., Sobol, V. A. (2008) Modern condition of drinking water supply and quality in Ukraine. Tecnologias de água e tratamento, 3 (27), 14-17.
Hryhorenko, L. V. (2013) Análise dos casos de surtos associados à água potável em diferentes países do mundo. Jornal Científico da Juventude Médica Ucraniana, 1, 100-103.
Hryhorenko, L.V. (2013). Análise do estado de saúde da população infantil no distrito rural da região industrial da Ucrânia. Ciências Aplicadas Europeias, 8, 31-32.
Hryhorenko, L.V., Doroshenko, R.N. (2013). Influência da qualidade da água potável na saúde dos camponeses na região de Hulaipolskyi. Ciências Aplicadas Europeias, 9, 20-22.

Rakhmanin, Y.A., Kirianova, L. F., Mikhailova, R.I. Problemas actuais de fornecimento de água potável de qualidade à população e respectivas soluções. Vestnik RAMN, 2006; 4: 9-17.
Hryhorenko, L.V., Shevchenko, O.A., Shtepa, A.P. Hygienic assessment of non-carcinogenic risk on the peasants health linked with potable water usage from centralized and decentralized water supply sources. XV Congresso de Higienistas da Ucrânia. Lviv, 2012: 280-282.
Hryhorenko, L.V., Shevchenko, O.A., Dziak, N.V. Hygienic assessment health status of the rural population in Dnipropetrovsk region. Conferência científica-prática ucraniana: Ecologia de cidades e áreas recreativas (2011, junho). Odessa, 2011: 280-283.
Hryhorenko, L.V., Shevchenko, O.A., Dziak, N.V. Children's health in the settlements of Dnipropetrovsk region. Hygiene of settlements (Higiene das povoações). Kyiv, 2011: 57, 358-366.
Hryhorenko, L.V. A saúde das crianças nas povoações da região de Zaporozhskyi. Trabalhos científicos dos funcionários do NMAPE. Kiev, 2013: 165-170.
Hryhorenko, L.V., Dziak, N.V., Shevchenko, O.A. Proteção da saúde dos residentes rurais: aspectos higiénicos do problema. Resumos da conferência científica: Questões actuais de higiene e segurança ambiental na Ucrânia (2011, setembro). K., 2011: 138-140.
Relatório nacional sobre a qualidade da água potável e o abastecimento de água na Ucrânia (2010). Ministério do Desenvolvimento Regional, Construção e Serviços Comunitários da Ucrânia. K., 2011: 564.
Hryhorenko, L.V., Shevchenko, O.A., Dziak, N.V. Riscos não cancerígenos e crónicos da ingestão de organismos de camponeses por produtos químicos numa região industrial. X Conferência internacional científico-prática: Água. Problemas e soluções. Dnipropetrovsk, 2012: 39-50.
Prokopov, V.A., Zorina, A. V., Sobol, V. A. Modern condition of drinking water supply and quality in Ukraine. Água e tecnologias de tratamento. K., 2008: 3 (27), 14-17.
Hryhorenko, L. V. Análise dos casos de surtos associados à água potável em diferentes países do mundo. Revista científica da juventude médica ucraniana. Kiev, 2013: 1, 100-103.
Hryhorenko, L.V. (2013, agosto). Análise do estado de saúde da população infantil no distrito rural da região industrial da Ucrânia. Ciências Aplicadas Europeias, 8, 31-32.
Hryhorenko, L.V., Doroshenko, R.N. (2013, setembro). Influência da qualidade da água potável na saúde dos camponeses na região de Hulaipolskyi. Ciências Aplicadas Europeias, 9, 20-22.

Hiyhorenko Liubov Viktorovna, doutorada, professora sénior no Departamento de Higiene e Ecologia da Academia Médica de Dnepropetrovsk, Ministério da Saúde da Ucrânia. Segunda formação superior no domínio 6.020303 "Especialista em filologia. Tradutor - Intérprete de língua inglesa". Na "DMA MHU" especializou-se na realização de formação prática, consultas, palestras sobre o tema "Higiene e ecologia" aos estudantes estrangeiros de língua inglesa e estudantes de medicina VI cursos sobre a especialidade: "Medicina geral".

Autor de 130 publicações: 79 - artigos de investigação científica e 51 - artigos de investigação metódica, ou seja, 17 - nas edições especiais. Após a dissertação de doutoramento foram publicados: 102 artigos científicos: 59 - nas revistas científicas, 43 - artigos metódicos, ou seja, 14 - artigos nas revistas profissionais, 10 - publicações estrangeiras, 4 - nas revistas internacionais de cienciometria; 10 livros didácticos para estudantes de língua inglesa; 6 certificados de direitos de autor.

Liubov Hryhorenko foi a vencedora do prémio (março de 2014; agosto de 2014; julho de 2015) do campeonato de análise científica no âmbito do **Projeto Internacional Global de Análise Científica (GISAP)**, sendo membro da equipa nacional de análise de investigação da Ucrânia no domínio das "Ciências médicas". Secção: Higiene".

Shevchenko Alexandr Anatolievich, médico, professor, chefe do Departamento de Higiene e Ecologia da "Academia Médica de Dnepropetrovsk, Ministério da Saúde da Ucrânia".

Supervisor científico na especialidade "Ecologia" e "Higiene (doenças profissionais)" 6 - dissertações de doutoramento, 1 - dissertação de mestrado. Especializado no domínio da gestão e tratamento de resíduos industriais; higiene da água e abastecimento de água nos distritos rurais da região de Dnepropetrovsk.

Autor de 500 publicações científicas: 2 monografias, 5 invenções e 5 proposições racionais, mais de 50 artigos de método.

Membro correspondente da Ecological Academy of Science.

Printed by Books on Demand GmbH, Norderstedt / Germany